EXPÉRIENCES ET DÉCOUVERTES

D'UN

PHYSICIEN DE DOUZE ANS

1re Série in-8o

TOUR EIFFEL (hauteur : 300 mètres)

Bibliothèque Morale et Instructive

EXPÉRIENCES ET DÉCOUVERTES

D'UN

PHYSICIEN

DE

DOUZE ANS

PAR

VICTOR CLAIRVILLE

NANTES

G. GUCHET, Libraire-Éditeur

Rue de Strasbourg, n° 26.

—

1887

CHAPITRE PREMIER.

Comment maître Félix devint physicien.

A quatorze kilomètres au nord de Nevers, se trouve le petit bourg de Guérigny, pittoresquement situé sur les bords de la Nièvre et au pied d'une petite montagne. De la grande route qui part du chef-lieu et cotoie le flanc de la colline, on découvre au loin les importantes forges de La Chaussade et les mille cheminées de l'usine qui lancent dans l'air leurs noirs panaches de fumée. Mais au pied de la montagne, le spectacle est plus calme, plus gracieux et si Guérigny n'a pas, comme La Chaussade, la gloire d'avoir forgé des armes pour la guerre de l'indépendance américaine, du moins peut-il revendiquer l'honneur d'être un des plus charmants et des plus utiles villages de notre belle France.

D'un côté, à perte de vue, s'étendent des vignes en si grande quantité et si belles qu'on se croirait dans la Côte-d'Or. Puis viennent des champs de blé dorés par ce bienfaisant soleil du Midi ; pleins de coquelicots et de bluets, ils ont l'air d'une mer houleuse quand le vent secoue les épis. De l'autre côté coule la rivière, et, dominant toute la vallée, la ferme du Moulin-des-Couleurs construite en briques, s'élève gaiement auprès du moulin dont les grandes ailes tournent toujours.

C'est dans ce petit village que Mme Montbert, veuve depuis un an, s'était retirée après la mort de son mari, afin de se consacrer à l'éducation de ses enfants ; ne possédant qu'une fortune très modeste, elle pensait ainsi pouvoir faire des économies plus facilement qu'à la ville. La vie à la campagne était en effet moins coûteuse. D'autre part Mme Montbert eût été tenue, à la ville, à faire de certaines dépenses pour ne pas rompre brusquement avec ses anciennes relations d'intérêt et d'amitié. M. Montbert était encore à la tête d'une importante maison de commerce, lorsqu'il mourut subitement. Ses affaires étaient assez prospères ; malheureusement, quelques mois avant sa mort ses anciens associés lui

avaient intenté un procès; leurs réclamations
portaient sur la plus grande partie des bénéfices
de l'entreprise. L'affaire n'étant pas terminée à sa
mort, Mme Montbert dut la poursuivre. C'était
pour elle une question du plus haut intérêt, de la
solution de laquelle dépendait l'avenir de ses
enfants.

L'aîné, Georges, allait avoir 17 ans; il venait
de subir avec succès son examen de bachelier
ès-sciences et se destinait au professorat. Le
second, Félix, était un jeune garçon d'une douzaine
d'années : petit, brun, à la mine éveillée, intelligente; il remuait sans cesse, ne pouvant rester
une minute inactif. Il brisait souvent ses jouets
pour se rendre compte des mécanismes et parfois
aussi pour avoir le plaisir de faire une brouette
d'un tambour, art dans lequel il excellait d'ailleurs.
Aux dernières étrennes, il avait eu un petit établi
et s'était amusé à construire tout un mobilier fan-
tastique pour la poupée de sa petite sœur Louise,
qui, depuis ce moment, avait une grande admiration pour les talents de son frère. Mais depuis,
l'établi était bien délaissé; le menuisier s'était
transformé en un physicien de premier ordre qui
ne rêvait plus que baromètres, thermomètres;

machines électriques, et dont tout l'idéal se résumait dans la possession d'un cabinet de physique.

L'époque des vacances était arrivée, et Félix, qui avait remporté quatre beaux prix, était rentré en triomphe à la maison, ayant en tête mille beaux projets d'inventions, tous plus irréalisables les uns que les autres. Il ne voulait rien moins que se confectionner un cabinet de physique; mais c'était chose autrement plus difficile que de construire une armoire de poupée. Au bout de quelques jours, découragé par ses tentatives infructueuses, il s'était silencieusement mis à lire, ou plutôt à dévorer ses livres de prix, ce qui fut bientôt fait.

C'est pourquoi nous le trouvons, une après-midi d'août, mélancoliquement assis près de la fenêtre et regardant tomber une de ces pluies droites et serrées comme il en survient parfois en été.

— Maintenant que j'ai fini de lire mes livres, je vais m'ennuyer en attendant que marraine arrive, s'écrie-t-il.

Cette boutade peu obligeante pour ceux qui l'entourent est accompagnée d'une moue significative.

— Tu es poli, toi, au moins, reprend en riant son frère aîné qui dessine à quelques pas de là.

Est-ce que tu vas recommencer à gémir, du matin
au soir: « Je m'ennuie! je m'ennuie! Que faire? »
Et, en prononçant ces paroles, Georges prend une
voix traînante, un accent pleurnicheur, une figure moqueuse qui font bondir maître Félix.
Mais tout à coup celui-ci s'arrête et, prenant un
ton câlin : « Tiens, Georges, dit-il, si tu me laisses
toucher aux choses qui sont là-haut, je t'assure que
je serai bien sage et que je ne briserai rien. » Et
il désigne du doigt, en parlant ainsi, l'étagère
supérieure d'un placard où sont rangés divers appareils de physique.

— En vérité, s'écrie Georges brusquement, je
vais te laisser briser ces appareils qui ne t'appar-
tiennent pas, et auxquels tu ne comprends rien!

— Comment, moi qui ai fait un an de physique,
je ne comprends rien à tes appareils? dit le jeune
enfant indigné.

— Est-ce que, hier encore, tu n'as pas cassé
les plateaux de la machine électrique? Eh bien,
et la lorgnette de théâtre que tu as démontée et
qui ne va plus; est-ce que tu crois que je ne m'en
suis pas aperçu par hasard?

— D'abord ta machine électrique est une vieille
machine usée qui n'a jamais dû marcher et dont

les verres étaient déjà fendus quand tu l'as achetée, et puis la lorgnette va encore très bien, je l'ai remontée.

— Ce qu'il y a de certain c'est que je ne veux plus te laisser aller là-haut, monsieur Touche-à-Tout.

— Eh bien quand je serai grand et que j'aurai un cabinet de physique avec toutes sortes de machines dedans, tu verras si je t'y laisse entrer !

— Moi, quand j'aurai beaucoup de sous, je t'en achèterai un, dit la petite Louise, absorbée dans un tricot microscopique qu'elle destine à sa poupée.

— Oh ! quand tu auras beaucoup de sous ! exclama le jeune physicien qui avait l'air de douter fortement de la réalisation d'un tel fait.

— Et il continua tout rêveur : Si marraine savait comment on fait un cabinet de physique ! En attendant il pleut toujours, mes fleurs vont être toutes noyées. Quel temps ! et dire que le baromètre ce matin indiquait : *beau fixe*. C'est à n'y pas croire. Si ce temps-là ne change pas quand marraine sera arrivée, je ne sais vraiment pas ce que nous allons devenir !

— Pourquoi veux-tu qu'il fasse beau quand marraine sera ici ? demanda Louise.

— Mais parce que maman a dit que nous irions nous promener toute la journée; et puis, tu sais, avec marraine c'est joliment amusant de se promener: elle raconte toujours des tas de choses intéressantes. Ainsi il y a deux ans, aux vacances, elle m'avait parlé des plantes: comment elles poussent, comment elles font pour manger, pour respirer, comment elles s'appellent, à quoi elles servent; c'est elle aussi qui m'avait appris à conserver les petites bêtes qu'on trouve dans les champs: de beaux papillons, des hannetons; tu sais que j'en ai tout plein la grande boîte bleue.

— Oui, des petites bêtes, à qui tu enfonçais de grandes aiguilles dans le corps, méchant! s'écrie la petite fille.

— Ah! bien sûr, dans les commencements, je faisais comme Richard, un grand de l'école; mais marraine m'a dit qu'il valait bien mieux les placer dans un petit bocal où l'on faisait tomber une goutte de sulfure de carbone; comme ça, elles étaient tout de suite asphyxiées sans souffrir. Aussi, vois-tu, quand marraine va venir je suis sûr qu'elle saura très bien faire un cabinet de physique.

— Tu vas l'ennuyer d'une belle façon avec ta.

physique et tes pourquoi et tes comment, dit Georges qui avait terminé son travail et s'apprêtait à sortir.

— Marraine n'est jamais ennuyée d'expliquer les choses qu'on ne sait pas ; elle n'est pas comme toi, reprit vivement Félix.

— Bon ! bon ! monsieur le raisonneur.

Georges sortit, mais rentra quelques minutes après, tenant à la main une dépêche.

— Tiens, dit-il à Félix, voilà qui va t'intéresser probablement, et il alla donner la dépêche à Mme Montbert.

— C'est votre tante qui arrive ce soir par le train de 7 heures, mes enfants, dit Mme Montbert.

— Ce soir ! quelle chance ! s'écria Félix transporté de joie ; vite, maman, allons nous habiller.

Et le turbulent enfant s'enfuit devant sa mère et sa sœur, descendant les marches quatre à quatre avec une souplesse qui faisait le plus grand honneur à son professeur de gymnastique, et un enthousiasme qui faisait plus d'honneur encore à la marraine si impatiemment attendue.

Cette marraine était la sœur de Mme Montbert ; elle était institutrice et venait passer les vacances à la campagne au milieu de ses neveux qui

l'adoraient. Comme disait Félix, elle savait des tas
de choses qui intéressent les enfants : elle connaissait l'histoire des plantes, des bêtes; elle savait même faire des jeux qu'on n'avait jamais vus
et qui étaient très amusants. C'était en un mot
une marraine accomplie qui grondait tout doucement quand on faisait des bêtises et ne se fâchait
jamais quand on ne comprenait pas ce qu'elle
expliquait.

Au contraire, on aurait dit qu'elle était contente lorsqu'on lui faisait des objections ; elle y
répondait toujours avec beaucoup de patience,
cherchant à dire les choses d'une façon très claire
et employant pour être comprise de tout le monde,
des mots simples, des comparaisons vulgaires.

Elle cherchait également à faire ses observations sur la chose même à expliquer, de façon à
bien graver dans l'esprit des enfants l'enchaîne-
ment des faits qui semblaient ainsi tous découler
naturellement les uns des autres ; de cette manière on ne pouvait ensuite les concevoir autrement sans tomber dans l'absurde. Elle rendait
de la sorte les explications plus faciles à retenir,
persuadée qu'une nomenclature sèche et savante
ne fait qu'encombrer la mémoire, sans profit pour

l'intelligence et faire prendre la science en dé-
goût au lieu de faire naître et de développer l'esprit
d'observation et de raisonnement.

Elle disait, avec raison, qu'il ne faut pas seulement apprendre ce que les autres ont découvert
avant nous, mais qu'il faut encore essayer de
repasser par les raisonnements qu'ils ont dû faire
pour arriver à la vérité. Cette manière de procéder
était, en effet, très logique, car de cette façon elle
arrivait à intéresser l'enfant, à le faire raisonner
lui-même, à lui laisser enfin sur les choses des
idées nettes, précises, qui satisfaisaient entièrement son esprit sans le fatiguer.

CHAPITRE II.

Félix artilleur.

Le soir si ardemment désiré arriva enfin ; et il aurait fallu voir Félix gambader sur la grande route toute empourprée des rayons du soleil couchant pour comprendre sa joie, son bonheur de ramener sa marraine en triomphe. Celle-ci qui semblait s'intéresser vivement à son jeune filleul, lui demanda combien de prix il avait eu et lesquels :

— Trois, répondit Félix ; un de sciences physiques, un de mathématique et un second prix d'histoire et de géographie.

— Comment ! tu as eu le prix de physique, mais c'est très bien cela. J'espère que tu dois être un savant !

— Oh ! non marraine, c'est tout-à-fait le

commencement de la physique qu'on nous a appris ; il y a bien des choses que je ne comprends pas et que je voudrais bien savoir. »

— Il est donc toujours le même ? dit Mlle Berny en souriant.

— Toujours le même ? répondit Georges ; il est bien pire ! Je ne sais quelle rage de physique l'a saisi depuis quelque temps.

Et il raconta à sa tante les déprédations de ce physicien en herbe.

Félix avait préparé une belle réception à sa marraine : il avait posé sur la table un gros bouquet des plus belles fleurs qu'il avait pu trouver dans le jardin ; mais ce fut bien autre chose après le dîner pendant lequel il avait été d'une distraction extraordinaire : on le vit tout à coup sortir à la dérobée avec sa jeune sœur et quelques minutes après on entendait des détonations accompagnées des cris de : Vive marraine ! et des cris plus ou moins séditieux de : Vivent les vacances !

C'était maître Félix qui lançait des fusées en l'honneur de sa marraine.

— Petit malheureux ! dit Mme Montbert toujours inquiète pour ses enfants, tu aurais pu te blesser ou blesser ta sœur.

— Ça tue donc les pétards ? demanda l'enfant étonné. ?

— Non ; mais entre des mains inexpérimentées ils peuvent occasionner des accidents, dit Mlle Berny.

— En quoi est-ce donc les pétards, marraine ? demanda alors Félix qui était revenu s'asseoir tranquillement à la table et s'apprêtait à écouter les explications de sa marraine. Mais celle-ci ne se pressait pas de répondre et dit simplement :

— Je vois que monsieur mon neveu a bien profité de mes conseils, puisqu'il ne s'est même pas donné la peine de ramasser un pétard afin de se rendre compte en partie de ce qui s'y trouve contenu.

Félix était devenu très-rouge ; mais il partit en courant chercher un pétard et revint bientôt.

— Maintenant, dit Mlle Berny, c'est toi qui vas faire l'explication. Voyons que vois-tu tout d'abord ?

— Du papier enroulé.

— Bien. Ce papier est, comme tu peux le reconnaître, replié en plusieurs doubles ; il a la forme d'un petit rouleau très serré autour d'une certaine matière noirâtre qui est... mais devine toi-même ; qu'est-ce que c'est que cette substance ?

— Je ne sais pas, dit Félix, après quelques instants de réflexion.

— Cherche bien. Sais-tu ce qui est arrivé quand tu as mis le feu au pétard ?

— Oui ; il a brûlé ; il y a eu une détonation et le pétard a éclaté.

— Eh bien ! cela ne te dit rien ?

— Ah ! c'est de la poudre, s'écrie triomphalement Félix ; mais avec quoi est faite la poudre ?

— La poudre, dit alors Mlle Berny, est formée de salpêtre, de soufre et de charbon. Tu connais le soufre et le charbon : tu sais que ce sont des corps qui brûlent très facilement. Quant au salpêtre c'est une substance qu'on trouve assez souvent sur le sol des habitations humides qu'il recouvre comme d'une neige blanche. Dans certains pays, aux Indes, en Egypte, en Espagne il s'étend sur de grandes surfaces qui ressemblent ainsi à des champs de neige.

— Alors il pousse comme les champignons ?

— Pas précisément ; les champignons sont des plantes qui vivent, meurent ; tandis que le salpêtre est une substance minérale qui prend naissance toutes les fois que des matières animales ou végétales subissent une décomposition en pré-

sence d'une terre calcaire contenant de la potasse.
Tu sais bien ce que c'est qu'une terre calcaire ?

— Oui, je l'ai appris dans les « Leçons de
choses » c'est une terre qui est comme la craie,
formée de chaux et d'acide carbonique.

— C'est cela même.

— Mais pourquoi prend-t-on du salpêtre plutôt
qu'une autre matière ?

— Parce que le salpêtre ou nitre, qu'on appelle
encore en chimie *azotate de potasse*, est un corps
formé de potasse et d'acide azotique, et que l'acide
azotique contient beaucoup d'oxygène ; or, tu
sais que l'oxygène active les combustions. Peux-
tu m'en donner des exemples ?

— Oui, marraine : ainsi, quand on plonge dans
un flacon plein d'oxygène une allumette qui n'a
plus qu'un petit point rouge, on la voit se rallu-
mer. On peut également faire brûler dans l'oxygène
des corps qui ne peuvent pas brûler dans l'air
ordinaire : un ressort d'acier chauffé ou rouge par
exemple.

— C'est cela. Eh bien ! le salpêtre en présence
du soufre et du charbon, produit une combustion
très vive ; c'est la raison pour laquelle on le fait
entrer dans la composition de la poudre.

— J'espère qu'il est curieux, dit Georges. Je suis sûr qu'il est en train de devenir une petite encyclopédie vivante.

— Et moi, dit Mlle Berny, je pense bien qu'il ne se bornera pas à n'être qu'une encyclopédie. Tu connais la parole de Montaigne : *Il vaut mieux une tête bien faite qu'une tête bien pleine.*

CHAPITRE III.

Une douche forcée.

Il était environ huit heures et demie quand on descendit au jardin. Félix qui s'était fait le cicerone de sa marraine, lui faisait remarquer tous les changements opérés depuis son départ : ici, la glycine recouvrait entièrement la tonnelle ; là, c'était l'étang qu'on avait agrandi ; puis un bel aquarium dans lequel se trouvaient des petits poissons rouges très bien apprivoisés ; et là-bas, tout à fait dans le fond, une belle cabane pour les poulets et pour les lapins, des drôles de lapins blancs avec des yeux rouges. Et son jardin donc ! il fallait voir quel beau jardin c'était : là, les roses rouges élevaient fraternellement leur tête au milieu d'une touffe de persil ; le jeune horticulteur avait bien essayé de faire pousser des pommiers, des poiriers, des

orangers, en plantant religieusement tous les
noyaux des fruits qu'il avait mangés ; mais, comme
le fit observer Georges avec malice, ce genre de
culture n'avait jamais pleinement réussi.

Bientôt une idée lumineuse traversa l'esprit de
maître Félix ; il emmena sa sœur et lui confia en
grand secret, qu'il allait faire un jet d'eau pour
surprendre Mlle Berny. Il alla chercher, à cet effet,
le tuyau d'arrosage et parvint, après des peines
infinies, à l'assujettir à l'orifice pratiqué à la base
d'un tonneau très élevé et plein d'eau ; tenant
l'extrémité du tuyau presque au niveau de la terre
il ouvrit précipitamment le robinet mais rien ne
se produisit ; sans attendre plus longtemps, le
jeune garçon se mit à regarder attentivement ce
qu'il pouvait y avoir dans le tuyau quand il reçut
en pleine figure un arrosage des mieux condition-
nés. Au cri poussé par la petite Louise les parents
accoururent et virent le jeune expérimentateur
sous son jet d'eau, trempé jusqu'aux os, maintenant
toujours fièrement l'ajutage. Quant à l'allée elle se
transformait peu à peu en un torrent en miniature.

— Mais tu es donc fou ! s'écria Georges qui
vint mettre un terme à cet arrosage intempestif
en fermant le robinet.

— Mais non. C'est une très belle expérience plutôt ; le professeur avait dit que quand on prend de l'eau en haut et qu'on la fait couler par un tuyau plus bas, elle remonte jusqu'au point où on l'a prise et qu'elle fait un jet d'eau ; il a même ajouté que c'était ainsi qu'on avait de l'eau dans les villes ; que le service d'eau, avec des machines, élevait l'eau très haut, qu'alors cette eau jaillissait dans les maisons et puis... qu'ensuite... enfin...

— Et puis ensuite, et puis alors ; va donc te changer. Tu as l'air d'un canard qui sort de l'eau.

— D'abord, les canards ne se mouillent pas dans l'eau parce qu'ils ont sur leurs plumes une graisse qui les en empêche, s'écria l'espiègle en s'enfuyant et en faisant la nique à son frère.

On rentra bientôt passer le reste de la soirée au salon. Mlle Berny grondait Félix qui éternuait énergiquement depuis son arrosage.

— Aussi, marraine, invente donc un moyen de faire un jet d'eau sans se mouiller, disait-il.

— Mais c'est très facile, répondit Mlle Berny ; prends un vase plein d'eau ; pose-le sur la table, fais-y plonger l'extrémité d'un tuyau de caoutchouc et tiens l'autre extrémité près du sol : tu

auras un petit jet d'eau tout aussi joli que ton
inondation, je t'assure.

— C'est vrai tout de même, disait Félix, je
ferai ce que tu dis; mais alors, marraine, si tu
sais inventer de telles choses, tu dois savoir faire
un cabinet de physique?

— Comment un cabinet de physique? dit
Mlle Berny surprise d'une telle question.

Georges expliqua alors à sa tante que Félix
voulait avoir un cabinet de physique depuis qu'il
avait vu une machine qui donnait un peu d'électricité, une boussole, un thermomètre et divers
instruments de chimie.

— Oui, mais voilà, reprit Félix; Georges ne
veut pas me laisser toucher à tout cela; il dit
que je lui brise tout et que je ne comprends rien,
et cependant j'ai lu que lorsqu'on ne voit pas les
choses eh! bien, on ne retient rien.

— Georges a raison, et tu as raison aussi, dit
Mlle Berny; tu ne peux rien comprendre aux machines électriques qu'il possède, pas plus qu'aux
autres instruments; si tu voulais étudier avec cela,
comme tu es encore trop jeune, tu t'embrouille-
rais et au lieu de te profiter cette étude, ainsi
faite, ne te serait que nuisible; mais, si tu appre-

nais à construire toi-même divers instruments de physique simples, faciles à exécuter; tu saisirais bien mieux le principe des choses que tu as apprises à l'école, et, beaucoup de notions que tu trouves difficiles, abstraites, et qui le sont en réalité, deviendraient ainsi très faciles et très simples.

— C'est bien ce que j'aurais voulu faire, répondit Félix; mais je suis tellement maladroit que je n'ai rien réussi.

Mlle Berny sourit :

— Eh bien, si tu veux, dit-elle, quand tu seras bien sage, je t'apprendrai à construire quelques petits appareils de physique avec les choses usuelles que nous pouvons trouver dans la maison; de cette manière tu auras un cabinet de physique à toi.

— Ah! marraine! marraine! est-ce possible? disait le petit garçon tout extasié de se voir possesseur d'un cabinet de physique à lui, bien à lui.

CHAPITRE IV

Un tour de haute magie.

Depuis quelques minutes, Georges s'était esquivé en annonçant qu'il allait revenir faire une expérience et qu'il donnait à la deviner en cent et en mille.

Le frère aîné s'était en effet piqué d'honneur et, convaincu que son titre de bachelier lui faisait un devoir de soutenir dignement ce nom, il voulut faire de la science transcendante et revint bientôt, en effet, en se donnant un petit air d'importance. Il posa sur la table un verre vide et dit solennellement :

— Je parie qu'en me tenant à distance, à une grande distance même, je vais faire entrer la fumée de cette cigarette dans ce verre et pour plus de difficulté, ajouta-t-il, je vais recouvrir le verre d'une soucoupe.

Tout le monde se récria, et particulièrement Félix qui voulut s'emparer du verre pour découvrir le secret, au grand émoi de Georges qui repoussa le curieux avec indignation.

Ce qui avait été annoncé se réalisa, et bientôt on vit le verre s'emplir d'une abondante fumée blanche, tandis que l'expérimentateur fumait au loin.

— Explique-moi ! explique-moi, criait Félix qui battait des mains.

— Devine.....

— Tu as fait brûler quelque chose qui a donné de la fumée blanche : voilà !

— Je n'ai rien fait brûler du tout ; tu l'aurais bien vu.

— Alors qu'est-ce que tu as mis ?

Après s'être bien fait prier, Georges finit par dire :

— Eh ! bien, j'ai mis au fond du verre un peu de vinaigre chaud, si peu qu'il n'était pas visible, et sur la soucoupe un peu d'alcali volatil ou ammoniaque. Quand j'ai mis la soucoupe sur le verre, l'acide acétique, c'est-à-dire le vinaigre, s'est combiné avec l'ammoniaque en formant des vapeurs blanches d'acétate d'ammoniaque; et voilà toute la sorcellerie.

Georges était très fier de son expérience; aussi ne voulut-il pas s'arrêter en si beau chemin. Il entreprit d'expliquer à son frère ce que c'était qu'un acétate et comment on faisait le vinaigre; mais il employa, comme à plaisir, une telle quantité de mots savants que Félix l'interrompit plus d'une fois pour se les faire expliquer, ce qui amenait une autre avalanche de mots encore plus barbares; de telle sorte qu'à la fin, lorsque le jeune professeur demanda à son frère:

— As-tu compris?

Celui-ci répondit avec un hochement de tête:

— Je ne sais plus ce que tu as dit.

Georges parut très piqué de ce résultat et pénétré de l'infaillibilité de sa méthode il s'écria avec humeur:

— Si tu ne m'écoutes pas, si tu ne comprends rien, ce n'est pas ma faute!

Mlle Berny intervint alors et essaya de faire comprendre à Georges pourquoi il n'avait pas réussi.

— Voilà, dit Félix, en matière de conclusion; Georges a fait comme le singe de la fable: il a oublié d'éclairer sa lanterne. Et l'enfant accompagna ces paroles d'un sourire malicieux à l'adresse de son aîné. Ce dernier, qui avait au fond bon caractère, se mit à rire avec tout le monde de la répartie de l'espiègle et se promit bien de se corriger de son pédantisme.

La soirée étant déjà avancée Mᵐᵉ Montbert insista pour que les enfants allassent se coucher. Félix avait grande envie de rester encore ; mais sa mère lui fit comprendre que Mˡˡᵉ Berny avait besoin de repos. Celle-ci ajouta qu'il fallait dormir vite afin d'être prêts le lendemain pour la promenade s'il faisait beau. Cette perspective enchanta les enfants et décida Félix à se retirer. Mais, en passant devant le baromètre, il eut un geste de menace enfantine et on l'entendit murmurer :

— Toi, maudit appareil qui fais la pluie et le beau temps, si tu ne montes pas demain tu auras de mes nouvelles !

CHAPITRE V

« Qui veut mentir n'a qu'à prédire le temps. »

(Proverbe)

Le lendemain matin, à peine levé, Félix courait au baromètre. O désespoir! l'instrument marquait : pluie. Une idée lumineuse traversa tout à coup l'esprit de l'enfant; « Si je mettais l'aiguille sur : beau fixe? » se dit-il. Aussitôt dit, aussitôt fait. Saisissant audacieusement l'aiguille, il la fait tourner, tourner : cric! crac! l'appareil fait entendre un bruit sec, et l'aiguille retombe inerte sur : tempête. « Mon Dieu! mon Dieu! qu'est-ce que j'ai fait là! Il est cassé, c'est sûr; qu'est-ce que maman va dire? »

Et le pauvre Félix s'enfuit tout rongé de remords.

. . . .

— Comment! le baromètre qui marque tempête par ce soleil! mais ce n'est pas possible cela!

C'est la voix de Mme Montbert qui pour s'assurer du fait donne quelques secousses à l'appareil.

— Mais il est cassé! Qui a cassé le baromètre? continue-t-elle.

Félix voudrait être à cent pieds sous terre.

— C'est peut-être Jeanne en nettoyant ce matin.

Pour le coup Félix surmonte toutes ses craintes:

— Non maman, c'est moi, dit-il.

— Et comment cela?

D'une voix entrecoupée le coupable commence son récit:

— Marraine avait dit que nous irions nous promener aujourd'hui s'il faisait beau... alors... comme le baromètre marquait pluie... j'ai voulu le mettre au beau et... il s'est cassé.

— Il n'en fait jamais d'autres, s'écria Georges qui entrait avec Mlle Berny.

— Au moins, dit cette dernière, il a le mérite de la franchise.

Félix ne savait quelle contenance tenir. Sa marraine le tira d'embarras en lui demandant la narration de cette mésaventure.

— Aussi, disait le jeune garçon, pourquoi donc le baromètre marque-t-il pluie quand il fait beau. C'est révoltant ça!

— En effet, dit Mme Montbert en s'approchant, j'ai souvent remarqué cette singularité. Pendant longtemps, j'ai cru que cela tenait peut-être aux défauts de construction de l'appareil, soit que les poulies ne glissassent pas bien, soit que diverses autres causes intervinssent encore; mais j'ai bien observé depuis que, même dans un baromètre ordinaire, le mercure monte quelquefois quand il fait mauvais et descend quand il fait beau. Et Jeanne, la fermière du Moulin-des-Couleurs, m'a fait la même observation : « Pour nous, dit-elle, à qui un pareil instrument serait si utile, il est vraiment fâcheux que nous ne puissions être certains de ce qu'il annonce. » Et je vous dirai que le baromètre n'est pas là-bas en grand honneur; on aime bien mieux se fier aux prédictions du grand-père, qui, à l'examen du ciel, ne se trompe pas souvent.

— Décidément, c'est une invention bête, dit Félix avec vivacité.

— Allons, dit Mlle Berny, tu vas maintenant accuser la science qui est pourtant bien innocente; car le baromètre n'est pas à proprement parler un appareil destiné à indiquer la pluie et le beau temps. Mais il peut servir à cet usage à une condition... C'est qu'on sache interpréter ses indications. Tu connais le proverbe : *Un mauvais ouvrier a toujours de mauvais outils.*

— Eh bien, marraine, pour que je devienne un bon ouvrier, dit gentiment Félix, apprends-moi comment le baromètre peut être un bon outil, veux-tu ?

CHAPITRE VI

**Comment la nature qui a « horreur du vide »
fait horreur à maître Félix.**

Mlle Berny embrassa son petit-filleul, toute heureuse de le voir si aimable et si désireux de s'instruire. Elle demanda alors à Mme Montbert la permission de démonter l'appareil, lequel était d'ailleurs brisé d'une façon irrémédiable.

C'était un baromètre à cadran comme on en voit assez souvent à la porte des opticiens. La surface externe avait la forme d'un cadran sur lequel étaient tracés les mots : beau-fixe, pluie, variable, tempête, etc. Une aiguille se déplaçait devant ces mots au moyen d'un mécanisme intérieur que Mlle Berny mit à jour en ôtant le cadran.

— Voici, dit-elle, la partie principale de l'instrument. Et en prononçant ces paroles elle désigna un tube de verre recourbé dont une des extrémités était fermée et dont l'autre, la plus courte, était ouverte.

— Ce tube, continua-t-elle, est rempli de mercure comme vous le voyez; ce liquide s'est arrêté dans la branche fermée jusqu'à la division 75 en laissant au-dessus de lui un espace complètement vide d'air.

— Pourquoi le mercure ne s'élève-t-il pas jusqu'à toucher le haut du tube ? dit Félix en interrompant.

— En faisant un peu l'historique du baromètre nous comprendrons mieux ce fait, répondit Mlle Berny.

Lorsqu'on plonge un tube de verre de la longueur de celui-ci dans l'eau, on constate que l'eau ne laisse pas de vide au-dessus d'elle. Or, un jour que des fontainiers du duc de Florence voulurent établir un jet d'eau dans les jardins du prince, ils constatèrent avec étonnement que cette eau, malgré tous leurs efforts, ne parvenait qu'à une hauteur de 32 pieds, environ 10m33. Ce fait surprit non seulement les fontainiers, mais encore tous les savants, car il faut vous dire qu'à cette époque on disait que si l'eau monte dans les tubes, les vases, etc. C'est parce que la nature *a horreur du vide !*

— Oh! oh! dit Félix en interrompant sa marraine, en quoi la nature peut-elle avoir horreur de quelque chose? Et puis en admettant que cela fût, pourquoi ce sentiment d'horreur cesserait-il à 32 pieds? Elle crée donc des exceptions comme les grammairiens ? Si la nature en était rendue là, termina le jeune savant indigné, c'est elle qui me ferait horreur!

— Monsieur le raisonneur, calmez votre colère, dit Mlle Berny, prenant en apparence un ton grondeur. Mais il était facile de voir qu'au fond elle était enchantée de l'esprit scientifique de l'enfant qui comprenait qu'une loi naturelle ne peut admettre d'exception. Aussi se plut-elle à continuer l'historique de la découverte du baromètre :

— Galilée, Torricelli, Pascal combattirent l'ancienne croyance à l'horreur du vide, mais durent soutenir une vraie bataille, car tous les professeurs s'élevèrent contre ces innovateurs qui allaient tout brouiller et détruire l'opinion de l'école. — Chose vraiment abominable!

Mais les savants n'en continuèrent pas moins

leurs recherches ; et ce fut Torricelli qui eut
l'honneur de découvrir la véritable cause de ce
phénomène. Son raisonnement dut être à peu
près celui-ci :

Si vraiment, se dit-il, la nature a horreur du
vide, elle ne doit pas avoir de préférence pour un
liquide plutôt que pour un autre, et tous les liquides, quels qu'ils soient, doivent s'élever à la
même hauteur pour combler le vide.

Il essaya alors avec divers liquides et constata
au contraire que tous ne s'élevaient pas à la même
hauteur ; que plus ils étaient denses, moins ils
s'élevaient et réciproquement ; il fut alors amené
à n'employer dans ses expériences que du mercure, corps très lourd, qui, au lieu de s'élever
comme l'eau à 10^{m}33, ne s'élève qu'à 0^{m}76 environ. Il ne fut guidé dans ce choix que par une
question de simplification, car, au lieu d'opérer sur des tubes de 10 mètres et davantage, il
n'eut plus qu'à opérer sur des tubes d'un mètre
environ.

Quand il eut bien démontré que le phénomène
en question ne tenait nullement à l'horreur du
vide, mais à une force spéciale, il chercha quelle
pouvait bien être cette force, et finit enfin par se

dire que la pression de l'air pouvait peut-être maintenir les liquides élevés dans les tubes.

En effet, se dit-il, Galilée, mon maître, a démontré que l'air est pesant; il doit donc exercer sur les corps une force quelconque, tout aussi bien qu'un liquide exerce une pression sur les objets qui y sont plongés.

Parti de ce point, il examina son baromètre et constata que la hauteur mercurielle n'était pas la même; elle était tantôt plus haute, tantôt plus basse. Il attribua ces variations à des changements survenus dans la pesée de l'atmosphère.

Quand ces idées furent connues de Pascal, ce savant entreprit diverses expériences qui toutes confirmèrent la théorie nouvelle. Il pensa que, puisque l'air est pesant, la pression ne doit pas être aussi considérable lorsqu'on s'élève dans l'atmosphère puisque la couche d'air diminue d'épaisseur.

Il fit une première expérience sur la tour Saint-Jacques à Paris et constata en effet une variation de hauteur : le mercure du baromètre qui se trouvait au bas de la tour était plus haut dans la branche que celui qui, au même moment, s'élevait dans le baromètre observé au sommet. La variation fut plus sensible lorsqu'il recommença son expérience sur le Puy-de-Dôme élevé de 1460 mètres; et, soit dit en passant, cette expérience amena la découverte d'une application intéresressante du baromètre : celle de la mesure de la hauteur des montagnes, car, on peut dire qu'en général le mercure baisse de 1^m/$_m$ lorsqu'on s'élève de 10 mètres environ à la surface de la terre.

— Tiens ! dit Félix, il faudra que je mesure la montagne au pied de laquelle s'étend le village ; ce sera bien drôle de connaître sa hauteur avec un baromètre !

Cette conversation fut interrompue par l'arrivée du facteur qui apportait une lettre à l'adresse de Mlle Berny. Celle-ci se retira pour en prendre connaissance.

Maître Félix profita de ce répit pour essayer de se rendre compte de l'étendue des dégâts qu'il avait causés, et remarqua avec angoisse que le tube de verre était fendu jusqu'au sommet. En faisant tourner l'aiguille, il avait en effet soulevé hors du tube un petit poids en fer qui, en retombant, avait ainsi amené le désastre.

Il se demandait si ses économies lui permet-

traient jamais d'en acheter un autre, bien décidé
à tout sacrifier pour réparer son étourderie,
quand sa mère vint l'arracher à ses profondes
pensées en lui rappelant l'heure du déjeuner.

CHAPITRE VII

Un laboratoire de physique sur une table.

Le déjeuner ne fut gai pour personne : maître Félix pensait à son baromètre cassé ; quant à Mlle Berny, elle avait une mauvaise nouvelle à apprendre à sa sœur. La lettre reçue le matin, lui annonçait, en effet, la mort du notaire qui possédait toutes les pièces du procès intenté à Mme Montbert. Or, pour qui connaissait la manie de maître Dubichon, cette nouvelle était des plus graves.

Maître Dubichon, que nous demanderons la permission de présenter à nos lecteurs, avait en estime que la discrétion est la première qualité d'un notaire. Mais s'il pouvait être certain de cette qualité pour lui, il ne pouvait répondre des autres : aussi, dans son étude, les moindres détails d'ameublement démontraient une défiance

de premier ordre : Partout des clefs, des serrures ;
les pièces importantes, contenant des détails de la
vie privée ou des affaires intimes des familles
étaient cachées avec un soin jaloux.

Mlle Berny et sa sœur connaissaient cette manie
de maître Dubichon, et elles avaient comme un
pressentiment que cette mort ne pouvait être que
de nature à embrouiller les choses.

La promenade de l'après-midi fut donc ajournée
au lendemain, car Mme Montbert voulut partir
immédiatement pour la ville afin de rendre visite
au nouveau notaire et calmer l'inquiétude dans laquelle l'avait jetée cette mort imprévue. Mlle Berny
s'apprêta à l'accompagner, ainsi que la petite
Louise, Mme Montbert désirant profiter de cette
occasion pour conduire sa jeune fille chez une de
ses amies, Mme Delville. Cette dame avait en effet
invité la petite Louise à venir passer une partie
des vacances avec ses enfants, sa fille Berthe et
son fils Henri ; ils allaient bientôt partir en
voyage et attendaient impatiemment, pour l'em-
mener avec eux, la petite Montbert qui était tout
heureuse à l'idée de monter en chemin de fer et
de voir des choses nouvelles.

Au premier abord, cette résolution déconcerta

le pauvre Félix qui se vit à la fois privé et de la promenade et de la compagne ordinaire de ses jeux. Pendant plus d'une heure il fut d'une tristesse sans précédent et fit d'héroïques adieux à sa petite sœur bien aimée qui lui promit une description merveilleuse de *tous les pays* qu'elle allait visiter.

Le voyant si triste, Georges eut un bon mouvement et lui déclara qu'il consentirait pour la journée à se livrer à une série d'expériences sur cette fameuse pression atmosphérique qui faisait si bien monter le mercure dans le tube des baromètres.

Il n'en fallut pas davantage pour ramener, sur la figure espiègle et intelligente de maître Félix, cet air gai qui lui était habituel.

Georges poussa la complaisance jusqu'à commencer tout de suite à la grande joie du jeune physicien qui s'apprêta à écouter religieusement les explications de son frère aîné, car il était bien persuadé que Georges allait encore lui faire des théories incompréhensibles. Mais ses craintes se dissipèrent bientôt. D'abord il demanda à son frère s'il fallait descendre des appareils du placard, et il lui fut répondu que c'était parfaitement

inutile : première surprise. Ensuite Georges ne
demanda pour son expérience qu'une assiette, un
verre et de l'eau : nouvelle surprise.

Enfin le jeune bachelier démontra que l'air
exerce une pression, et cela sans mots barbares
et difficiles à comprendre ; c'était de mieux en
mieux.

— Vois-tu, dit-il à Félix, je verse un peu d'eau
dans l'assiette : si je la recouvre d'un verre, l'eau
se trouve à la même hauteur dans l'assiette et
dans le verre. Maintenant je retire le verre, je
fais flotter un morceau de papier que j'enflamme
et je coiffe le tout avec le verre. Le papier continue à brûler pendant quelque temps puis il
s'éteint bientôt ; mais regarde ce qui s'est produit : l'eau a monté dans le verre. Elle est maintenant à un niveau plus élevé que celui de l'eau
qui remplit l'assiette.

— C'est vrai, dit Félix, mais c'est la pression
atmosphérique qui l'a fait monter ?

— Sa doute et voici pourquoi : le papier
pour brûler a besoin d'un gaz contenu dans l'air,
n'est-ce pas ?

— L'oxygène, parbleu ! s'écria Félix.

— Bien. Alors vois-tu ce qui peut se produire ?

— Pas trop. Quand il n'y aura plus d'oxygène dans le verre le papier s'éteindra, voilà tout.

— Naturellement; mais encore ne vois-tu pas qu'il restera moins d'air dans l'intérieur du verre, qu'il se fera une sorte de vide et que, par conséquent, la pression intérieure ayant diminué, n'exercera plus sur l'eau qu'une force plus petite que celle qu'exerce la pression atmosphérique? Celle-ci, pour maintenir l'équilibre, fait monter l'eau dans le verre.

— Ah! s'écria Félix d'un ton légèrement sceptique qui montrait bien que les raisons de son frère ne l'avaient point convaincu.

Il y eut un silence.

Après quelques minutes de réflexion, il se hasarda enfin à dire à Georges étonné:

— Mais si l'oxygène est parti, l'acide carbonique a pris sa place, je suppose, puisque tout corps qui brûle donne naissance à de l'acide carbonique!

A cette judicieuse observation, Georges se mordit les lèvres.

Il y eut encore un instant de silence embarrassé.

Georges réfléchissait.

Félix souriait malicieusement.

— Eh! bien! mais, s'écria Georges en se frappant tout à coup le front comme pour en faire jaillir une idée lumineuse, l'acide carbonique se dissout dans l'eau tout simplement, et même, j'y pense, l'expérience réussit mieux quand on emploie, au lieu d'eau pure, une eau légèrement ammoniacale, parce que l'ammoniaque absorbe l'acide carbonique qui s'est produit quand le papier a brûlé; de cette manière l'eau monte bien plus haut.

J'ajouterai en outre, continua Georges, que cette action n'est pas unique et qu'il vient s'y joindre encore un autre phénomène. Le papier en brûlant a dilaté l'air contenu dans le verre, c'est-à-dire lui a fait occuper un volume plus grand. Quand le papier s'est éteint, l'air s'est refroidi et a diminué de volume; cette diminution du volume de l'air, qui est due au refroidissement, vient donc s'ajouter à la cause d'absorption de l'acide carbonique que je viens de t'expliquer et rendre ainsi le vide meilleur.

— Je comprends, dit Félix.

— On explique d'une façon analogue, continua Georges, l'expérience qui consiste à faire entrer dans une carafe un œuf dur dépouillé de sa coquille.

Voici comment on opère : On prend une carafe au fond de laquelle se trouve un peu d'eau ; on y introduit du papier enflammé ; celui-ci brûle dans la carafe pleine d'air et comme il échauffe cet air, il lui fait prendre un volume plus grand ; dès lors une partie de l'air s'échappe au dehors ; aussitôt que le papier a brûlé pendant quelques instants, on recouvre avec l'œuf dur l'orifice de la carafe ; de cette façon l'air ne peut plus ni entrer ni sortir. Examine bien maintenant ce qui va se passer.

— Oh ! l'œuf s'allonge dans le col de la carafe !

— Oui, et le vois-tu ? il s'étire encore davantage, puis il descend peu à peu, et tiens, le voilà qui est tombé tout à coup dans la carafe en faisant entendre une petite détonation. Voici ce qui s'est passé : l'air confiné dans la carafe, en se refroidissant, a diminué de volume ; il s'est donc produit un vide partiel et, comme tout à l'heure, c'est la pression atmosphérique qui a poussé l'œuf dans la carafe.

Félix tint à répéter ces expériences pour se bien convaincre.

Georges le laissa faire; et, allant remplir d'eau un petit verre, il revint bientôt; sur le verre plein jusqu'aux bords il fit glisser avec précaution une feuille de papier de manière à ne laisser aucune bulle d'air dans le verre; cela fait, il retourna le verre avec précaution et l'eau qui y était contenue ne s'écoula pas.

Il appela alors son jeune frère qui venait de faire entrer un nouvel œuf dans la carafe.

— Et cela? lui dit-il en lui désignant le verre plein d'eau et renversé.

Maître Félix accourut tout joyeux; mais il heurta si violemment le bras de l'expérimentateur que l'eau retomba au grand dépit de Monsieur Georges qui se trouva inopinément arrosé et qui, de plus, manqua l'effet qu'il s'était proposé d'obtenir en voulant provoquer l'étonnement du savant en herbe.

— Maladroit! ne put-il s'empêcher de dire.

Félix ne riposta pas, contre son habitude, bien décidé à tout supporter pour avoir des expériences et surtout à ne rien dire qui pût modifier les bonnes dispositions de son frère.

Celui-ci avait patiemment recommencé son expérience. Quand il fut pour retourner le verre il s'écria:

— Maintenant ne remue plus, ne respire plus : une! deux! trois! je le retourne!

L'expérience réussit parfaitement.

Félix était émerveillé. Bientôt il se mit en devoir de l'exécuter; mais, sa précipitation le fit échouer plusieurs fois; enfin il parvint au but tant désiré, et se consola de ses précédentes défaites par une bonne victoire.

— Eh! bien, tu ne me demandes pas d'explications? dit Georges.

— Des explications? Mais c'est encore la pression atmosphérique qui....

— Qui?

— Ah! ça ne peut pas être la pression atmosphérique puisque la feuille de papier est sous le verre. Qu'est-ce que c'est alors?

— C'est toujours la pression atmosphérique au contraire. Pourquoi veux-tu qu'elle n'agisse pas sous le verre et tout autour? Si cela était, regarde donc ce qui arriverait : d'abord, comme la pression atmosphérique est une force très considérable, elle écraserait nos maisons, ensuite elle nous écraserait nous-mêmes; pour qu'il n'en soit pas ainsi, il faut bien qu'elle s'exerce partout, non-seulement à l'extérieur de nos maisons mais encore à l'intérieur pour qu'il y ait équilibre; non-seulement autour de notre corps mais encore à l'intérieur de nos organes,

— Ah! c'est drôle tout de même, disait Félix.

— Ce n'est pas drôle, du tout, dit Georges qui prenait très au sérieux son nouveau rôle de professeur; et je vais te montrer que lorsque cet équilibre n'existe pas il peut arriver des accidents très graves, la mort même.

Ainsi quand on monte sur les montagnes par exemple, comme la pression diminue de plus en plus à mesure qu'on s'élève, il s'ensuit que la pression extérieure n'est plus la même que la pression intérieure du corps de l'observateur. Celui-ci se rend compte des effets de ce manque d'équilibre par le malaise qu'il éprouve, malaise connu sous le nom de *mal des montagnes*. S'il continue à s'élever de plus en plus, son malaise augmente et il arrive un moment où il meurt. Ces accidents mortels se sont produits assez souvent dans les ascensions aérostatiques.

C'est encore un effet de ce genre qui se produit quand on sort d'une cloche à plongeur. Dans ces appareils l'air est ordinairement amené graduellement à une pression plus grande que la pression atmosphérique; si on n'a pas la précaution de diminuer peu à peu cette pression à la sortie de la cloche, il arrive des accidents très graves qui entraînent la mort; ainsi, par exemple, il peut se former dans les canaux qui conduisent le sang des chapelets d'air et de liquide et comme dans certaines parties du corps, dans la tête surtout, ces canaux ont un diamètre très petit, il s'ensuit que le sang ne peut plus y circuler qu'avec une extrême difficulté; il faudrait en effet qu'il pût vaincre la résistance que lui opposent les petites bulles d'air dont la pression augmente à mesure que leur volume diminue.

— C'est terrible ce que tu me racontes-là, dit Félix. As-tu d'autres expériences à me faire?

— Non, je ne crois pas, dit Georges en réfléchissant quelques minutes. Tu peux t'en aller, tu es libre maintenant.

Et il ajouta :

— Est-ce que je t'ai bien ennuyé?

— Oh! non, Georges, au contraire, s'écria Félix. Je raconterai à marraine toutes les belles choses que tu m'as faites et... que j'ai comprises.

Et maître Félix s'enfuit émerveillé et des effets

de la pression atmosphérique et de la lucidité des explications de Georges qui s'était réellement surpassé.

Georges était en effet un jeune homme intelligent, désireux de parvenir, un peu gâté seulement par ses succès, mais rempli de bonnes intentions. Mlle Berny qui lui faisait parfois, au sujet de son pédantisme, quelques petites allusions aigres-douces, le savait fort bien et ne désespérait point de le voir un jour se convertir à la simplicité, la première des qualités en toute chose ; car, disait-elle : « C'est déjà faire un grand progrès que de souhaiter d'en faire. »

CHAPITRE VIII.

Le jeu d'un jeune physicien.

Le lendemain matin au déjeuner, toute la famille était réunie sous la tonnelle. Mme Montbert et Mlle Berny paraissaient moins soucieuses que la veille et s'entretenaient de leur visite au successeur de maître Dubichon. Le nouveau notaire semblait être intelligent, actif et désireux de faire triompher la cause de ses clients ; il ne se cachait pas les difficultés qu'il allait avoir à vaincre ; mais il était plein d'espoir et avait fait partager sa confiance. Il devait d'ailleurs se bien mettre au courant de l'affaire et demandait pour cela quelque temps, afin de pouvoir agir avec circonspection et ne rien perdre par la précipitation. Mme Montbert avait naturellement acquiescé à cette demande, heureuse d'avoir elle-même quel-

ques instants de calme, de répit avant d'entrer
dans la dernière phase de ce triste procès qu'elle
considérait presque comme perdu.

Félix mangeait silencieusement. Le petit garçon
ne comprenait pas au juste ce que signifiaient
toutes ces affaires d'intérêts, quelle était leur
importance ; mais il voyait fort bien qu'elles ren-
daient sa mère triste et préoccupée ; aussi quand
Mme Montbert dit avec une satisfaction visible
qu'elle allait avoir ainsi quinze jours, un mois
peut-être de repos, il s'écria soudain :

— Oh ! tant mieux ! Comme cela, maman, tu
n'iras plus chez ces notaires qui ne savent que
faire du chagrin aux gens. Tu vas rester avec
nous.... tout le temps !

Mme Montbert sourit et, ne voulant pas attrister
son jeune fils, elle détourna la conversation et,
après l'avoir embrassé, lui demanda :

— Qu'est-ce que tu as fait hier pendant que
nous étions sorties ?

A cette question qu'il attendait depuis longtemps, Félix fit une longue réponse, passablement
embrouillée dans laquelle on put démêler à
grand'peine au milieu des *parce que*, des *ensuite*,
des *et puis* et des *alors*, qu'il avait passé sa

journée à faire des expériences de physique sous la très haute et très compétente direction de son frère Georges.

Il raconta comment il avait fait entrer un œuf dans une carafe, comment il avait renversé un verre plein d'eau et sans que l'eau tombât ; enfin il termina le tout par un pompeux éloge à l'adresse du jeune maître et à son habileté.

Mais Georges arrêta cette avalanche de paroles flatteuses, et s'accusa hautement d'avoir manqué à tous ses devoirs de professeur en négligeant de parler des applications de la pression atmosphérique.

— Comment les applications ! s'écria Félix, le baromètre peut-être ? mais marraine me l'explique.

— Tu me rappelles que je n'ai pas terminé, dit Mⁱˡᵉ Berny ; mais nous reprendrons cette question un peu plus tard ; pour le moment, écoutons Georges.

Ainsi mis en demeure de s'exécuter, Georges commença :

— Parmi ces applications très nombreuses, il y a d'abord, dit-il, un jeu d'enfant le *tire-pavé*, qui est basé sur ce principe ; et tu le connais bien, ce jeu, n'est-ce pas ? dit-il à Félix.

— Je crois bien ! s'écria celui-ci qui se mit à chercher dans ses poches et en tira finalement après quelques excursions, un morceau de cuir au milieu duquel était fixée une ficelle. — Et le voici même !

— C'est bien. En ce cas tu peux très bien expliquer pourquoi ce jeu est une application de la pression atmosphérique.

— Dame ! je ne sais pas ! dit Félix qui tournait et retournait consciencieusement son morceau de cuir.

— Cherche donc ! Qu'est-ce que tu fais pour jouer au tire-pavé ?

— Ce que je fais ? D'abord je le mouille.

— Qui ? Quoi ?

— Le cuir donc !

— Bien. Après.

— Je l'applique bien exactement sur la partie plate d'un pavé puis je tire avec précaution par la ficelle du milieu en empêchant les bords de se détacher et le pavé est soulevé.

— C'est cela. Vois-tu maintenant pourquoi il peut en être ainsi ? Comment la pression atmosphérique peut intervenir ?

Félix réfléchissait.

— Oui ! Oui ! s'écria-t-il tout à coup : en tirant
sur la ficelle j'ai fait le vide entre le pavé et le
cuir ; il n'y a donc plus d'air entre eux, tandis
que la pression de l'atmosphère s'exerce toujours
tout autour d'eux et en particulier sur la rondelle
de cuir qu'elle appuie fortement contre le pavé.

— Très bien ! très bien ! s'écria Georges en
applaudissant. Mais ce n'est pas tout. Il y a encore
parmi les nombreuses applications de la pression
atmosphérique, une application assez intéressante
pour toi. Tu as peut-être remarqué dans les ma-
gasins des supports appliqués contre les glaces.
Pour arriver à ce résultat on se sert d'un petit
appareil très ingénieux, une sorte de ventouse. Il
se compose d'une rondelle de caoutchouc très
souple qu'on peut appliquer bien exactement sur
la glace en pressant les bords au moyen d'un
cercle de bois bien plan. La glace et la rondelle
de caoutchouc étant très lisses, le contact sera
parfait ; si, maintenant on soulève la rondelle de
caoutchouc, au moyen d'une vis fixée en son milieu de façon à lui faire prendre la forme d'une
demi-sphère qui s'appuie sur les bords et la surmonte, on fera un vide absolu entre la glace et
le caoutchouc. Dès lors la pression atmosphé-

rique appliquera très fortement la rondelle contre la glace.

Mlle Berny approuva beaucoup ces exemples et demanda des explications sur les expériences de la veille. Georges lui avoua qu'il avait été par moments très embarrassé pour répondre aux objections du petit garçon ; et il ajouta un peu étonné :

— Cependant c'était une question que je croyais bien connaître, bien posséder ; mais je vois néanmoins qu'il y avait encore dans mon esprit quelques points obscurs que les questions de Félix m'ont fait découvrir.

— Je le crois facilement, répondit Mlle Berny, et cette surprise que tu as eue, tous ceux qui ont enseigné l'ont éprouvée. Une chose que l'on trouve quelquefois presque évidente, devient souvent difficile à définir, à bien expliquer d'une façon élémentaire et simple. Cela provient de ce qu'on n'a de cette chose qu'une notion plus ou moins vague car tu sais :

« Ce que l'on conçoit bien s'énonce clairement
» Et les mots pour le dire arrivent aisément. »

Quand il s'agit ensuite d'instruire des enfants, on

s'aperçoit qu'une foule d'objections peuvent se présenter, qu'il existe des moyens de rendre les démonstrations plus faciles; et on est ainsi amené peu à peu à surmonter tous les obstacles, à se perfectionner soi-même. C'est pour cela qu'on a pu dire :

« Le meilleur moyen d'apprendre est d'enseigner. »

CHAPITRE IX.

Où le baromètre de maître Félix a besoin d'un successeur.

Cependant Félix n'oubliait pas son baromètre et un matin il se hasarda à rappeler à sa marraine la promesse qu'elle lui avait faite de lui expliquer comment le baromètre peut servir à indiquer le temps.

Mlle Berny, heureuse de voir que son neveu n'était point satisfait d'une explication incomplète, reprit l'instrument brisé et continua son explication :

— D'après ce que tu sais déjà, dit-elle, tu peux comprendre cette disposition. Vois : sur la petite branche à la surface de laquelle s'exerce la pression atmosphérique, flotte un petit cylindre de fer ; je dis qu'il flotte, parce que le fer étant plus

léger que le mercure il se comporte par rapport
à ce liquide de la même manière que le liège par
rapport à l'eau par exemple. Il s'ensuit que
chaque fois que le mercure subira une variation
de hauteur, le petit cylindre de fer se déplacera.
Si le mercure monte dans la grande branche le
flotteur descendra dans la petite ; si le mercure,
au contraire, descend dans la grande branche le
flotteur montera dans la petite branche. Si maintenant on fait passer sur une poulie le cordon de
soie qui retient le flotteur et si l'on suspend à
l'autre extrémité du cordon un petit contre-poids
on comprend qu'en montant et en descendant le
flotteur fera tourner la poulie dans un sens puis
dans l'autre ; ces mouvements seront dès lors
transmis à une aiguille disposée sur l'axe de la
poulie ; c'est cette aiguille qui se déplace sur le
cadran extérieur devant les mots : Beau-fixe,
Pluie, etc.

— Oui, pluie quand il fait du soleil et beau
quand il pleut, murmurait Félix. Je comprends
bien maintenant, marraine, que le baromètre sert
à indiquer la pression de l'atmosphère ; mais je
ne vois pas comment on a pu avoir l'idée de faire
servir cet instrument à indiquer la pluie et le

beau temps ; il me semble que ces deux choses
n'ont entre elles aucun rapport !

— Ah ! pardon, au contraire, dit Mlle Berny,
elles ont entre elles un rapport très étroit que je
ne veux pas te faire connaître aujourd'hui ; je me
contenterai de te dire que lorsque le temps doit
changer, l'atmosphère n'est pas calme ; dès lors
la pression qu'elle exerce change, et fait changer
aussi la hauteur du mercure dans le baromètre.
Aussi ce sont les variations de baromètre qu'il
faut surtout observer ; c'est à cela que sert cette
aiguille que tu vois fixée sur le cadran et qu'on
ne peut tourner à la main qu'au moyen d'un bou-
ton extérieur. Chaque soir, par exemple, on place
cette aiguille exactement au même point que celle
qui est mue par le mercure et le lendemain on
peut facilement voir par l'écart des aiguilles de
quelle quantité le baromètre a varié. Il ne faut
donc pas juger du temps qu'il fera par une simple
observation du baromètre mais bien par une série
d'observations non interrompues. C'est ainsi qu'on
peut dire d'une façon presque certaine qu'il y aura
une tempête lorsque les variations de la colonne
barométrique sont très brusques et très rapides.

Mme Montbert qui avait écouté cette explication

avec un vif plaisir, se tourna vers Félix et lui dit :

— Vois : maintenant que nous savons nous servir d'un baromètre, nous n'en avons plus.

— Voyons, dit Mlle Berny à l'enfant qui se désolait, ne te lamente pas ainsi. J'ai, chez moi, un baromètre tout nouveau, non pas un baromètre à cadran comme celui-ci qui n'est pas commode pour les observations suivies, mais un baromètre dit *enregistreur* parce qu'il marque lui-même sur une feuille de papier la pression de l'atmosphère à un moment donné. C'est un appareil très ingénieux et très utile. Je veux vous en faire cadeau.

Mme Montbert crut de son devoir de refuser l'offre gracieuse qui lui était faite, craignant peut-être, avouons-le, l'esprit de curiosité et en même temps de destruction qui animait son jeune fils. Elle se rassura et revint sur sa décision lorsque Mlle Berny lui déclara que, par le plus grand des hasards, elle s'était trouvée en possession de deux instruments semblables : l'un provenant d'un cadeau qui lui avait été fait par le maire de la commune où elle était, cadeau provoqué précisément par une explication analogue sur les baromètres, et l'autre étant le prix d'un

concours où son école avait eu beaucoup de succès.
Félix allait encore faire une foule de questions
au sujet de ce baromètre extraordinaire qui enre-
gistrait lui-même la pression atmosphérique, mais
sa marraine lui dit en souriant :

— Si tu m'en crois, la leçon est assez longue
pour aujourd'hui. Quand le baromètre que je
vais demander immédiatement sera arrivé, je te
donnerai toutes les explications que tu voudras.
En attendant, allons déjeuner et nous habiller
pour la promenade. Vois il fait très beau temps.

— D'ailleurs, s'écria Félix, il faut que j'aille
préparer ma ligne, car aujourd'hui je vais pêcher
une belle friture.

Et l'enfant s'enfuit préparer les engins meur-
triers nécessaires à cette pêche miraculeuse.

CHAPITRE X.

Une pêche étrange.

Quelle belle journée ! Le soleil très haut à l'horizon darde ses rayons sur les champs où il dore les épis de blé ; il donne au ruisseau qui coule sur les cailloux blancs toutes sortes de couleurs irrisées aussi brillantes que fugitives ; à cette heure de chaleur torride on ne voit personne dans la campagne, et on n'entend d'autres bruits que le bourdonnement de l'abeille qui butine. Cependant si l'on s'approche du bouquet d'arbres qui ombragent là-bas un coin de la rivière, on entend très distinctement les cris de joie de maître Félix qui vient de pêcher une superbe ablette toute argentée.

— Je disais bien qu'en jetant beaucoup de petites miettes de pain ces bêtes de poissons se laisse-

raient prendre ! — s'écrie-t-il avec enthousiasme.

— Crois-tu que ce sont tes miettes de pain qui
te valent cette capture ? ou bien ces petites
mouches ? Regarde plutôt, dit Mlle Berny en faisant remarquer à l'enfant une foule de petites
mouches qui couraient en tous sens à la surface
de l'eau.

— Ah ! les drôles de bêtes !

— Eh ! bien, examine comment elles sont faites.

— Elles ne ressemblent pas aux mouches ordinaires ; elles sont très minces : on dirait qu'elles
n'ont pas de corps, mais quelles grandes pattes
par contre !

— Aussi, vois-tu comme elles glissent sur l'eau ;
elles ont l'air de patiner ; en un mot, elles arpen-
tent la surface de l'eau ou, si tu aimes mieux,
elles ont l'air de vouloir mesurer cette surface ;
c'est pour ce motif aussi qu'on les nomme des
hydromètres de deux mots grecs qui veulent dire
mesure de l'eau ; mais, nos paysans, qui n'en
voient pas si long, les appellent les uns des
mouches d'eau, les autres des araignées d'eau
pour tenir compte de leurs grandes pattes.

Et maintenant, pourrais-tu me dire pourquoi

elles peuvent ainsi se mouvoir à la surface de l'eau ?

— Puisqu'elles sont très légères, elles flottent.

— Et après ?

— Après ? Elles font des mouvements ; c'est ce qui les fait marcher.

— Ah ! vraiment, dit Mlle Berny en s'obstinant pour exciter l'esprit d'investigation de l'enfant. Mais une mouche ordinaire en ferait autant alors ?

— Non, parce qu'une mouche ordinaire aurait ses ailes toutes mouillées et celles-ci n'ont pas d'ailes.

— Ce n'est pas une raison. Crois-tu que les mouches ordinaires même sans ailes pourraient marcher aussi rapidement ? Non, car leurs pattes seraient aussi mouillées.

A la mine piteuse et confuse que prit maître Félix à cette dernière objection, il était facile de deviner l'embarras de l'enfant. Mlle Berny, jalouse de sa méthode, n'en persista pas moins à essayer de l'amener à trouver lui-même l'explication de la marche rapide et glissante des mouches qu'il avait observées.

— Voyons, reprit-elle en essayant de prendre un léger ton de reproche ; tu n'as pas encore com-

plètement profité de mes leçons; je t'ai dit d'observer et de bien observer.

— Mais aussi, marraine, dit l'enfant, il faudrait
pouvoir prendre une de ces mouches !

Immédiatement Mlle Berny pria Monsieur
Georges, nonchalamment étendu sur l'herbe et
absorbé dans la lecture d'un roman, de vouloir bien
venir en aide à son jeune frère. Après un soupir de
résignation, le jeune bachelier se releva en prenant
tout son temps comme doit le faire tout personnage ayant le sentiment de sa dignité. Avec une
gravité qui eut pour premier effet de faire sourire
Mlle Berny, il dispose son mouchoir à l'extrémité
de la ligne et s'en servant comme d'un filet à
papillons, il se met à la chasse de la mouche
demandée.

Déjà l'espiègle Félix allait le railler sur la len-
teur de ses mouvements lorsque Georges ramenant
brusquement à lui son filet, fut assez heureux pour
capturer une pauvre mouche qui en ce moment-là
même se lançait dans la direction du mouchoir.

Etait-ce un pur hasard ou une combinaison
stratégique très-savante ? c'est ce que Félix ne
demanda pas, tout occupé qu'il était à chercher
dans les plis du mouchoir la bête prisonnière.

Sans penser à remercier son frère Georges, il est déjà en observation devant sa victime et déclare bientôt qu'il ne voit rien et que les pattes non seulement n'ont pas de parties plates comme les pattes de canard, ce qu'il espérait voir, mais même sont frêles, fines, déliées et garnies de poils.

— Eh ! bien c'est ça ! dit Mlle Berny, ce sont ces poils que tu vois qui permettent à ces petites bêtes de courir sur l'eau très légèrement ou pour mieux dire de glisser comme si elles patinaient et sans se mouiller.

Un vieux savant déçu par une expérience en contradiction avec ses plus chères théories, n'aurait pu présenter un air plus désolé que celui de maître Félix en ce moment.

Georges, interrompu dans sa lecture, et devinant alors seulement où voulait en arriver Mlle Berny, s'empressa de dire à son jeune frère du ton d'une personne pour qui la nature n'a plus de mystères :

— C'est la capillarité parbleu !

— Comment dis-tu ? dit Félix que ce mot avait laissé rêveur.

— La capillarité, répéta Georges ; puis compre-

nant que ce mot n'était pas une explication il
ajouta :

— C'est la propriété qu'ont les tubes capillaires
d'attirer ou de repousser les liquides suivant
qu'ils sont mouillés ou non par eux.

— Merci ! dit Félix en jetant un coup d'œil
triomphant à sa marraine, car l'enfant n'avait pas
été sans s'apercevoir qu'il existait une certaine
divergence de méthode entre ses deux maîtres.

M\ce Berny se contenta de sourire puis, peut-
être embarrassée elle-même pour expliquer d'une
manière simple la pompeuse définition de Monsieur Georges elle dit à l'enfant :

— La capillarité est une force, très modeste,
qui n'agit qu'aux points où la surface d'un liquide
touche un corps, mais qui, quelquefois, devient
très puissante et peut par exemple faire tenir une
aiguille, un corps relativement lourd, sur l'eau ;
mais, comme en ce moment je ne veux pas inter-
rompre ta pêche, je me contenterai de te dire que
ce soir je te ferai l'expérience bien connue des
aiguilles flottant sur l'eau et qu'alors tu pourras
comprendre qu'une pareille force puisse supporter
des mouches dont les pattes garnies de poils
donnent naissance à des actions capillaires.

Félix revint mettre philosophiquement un asti-
cot au bout de l'hameçon et jetant vivement sa
ligne il reprit son attitude de pêcheur convaincu.

Une heure, deux heures : rien ; le poisson
mange l'appât et ne se laisse pas prendre à l'hameçon.

— Décidément ces petites bêtes sont plus intel-
ligentes que toi, dit Georges.

Félix fait des gestes désespérés pour imposer
silence à son frère.

— Ça mord je te dis ; tais-toi donc ! oh ! ce
doit être un gros celui-là !

Et en effet le pêcheur a beau tirer sur la ligne
avec toute l'énergie imaginable en pareille
occurence, la maudite ligne ne vient pas ; bientôt
enfin Félix attire devinez quoi ? Une affreuse ser-
pillière, dépouille de quelque monstre inconnu,
qui, après quelques oscillations, brise la ligne et
retombe dans la rivière en faisant un tourbillon.

— Maintenant je n'ai plus de ligne, disait
Félix au désespoir, et je n'ai qu'une ablette, une
seule ! moi qui aurais voulu pêcher une belle
friture !

Et le malheureux pêcheur s'en vint tout dépité,

4

avec son ablette dans son filet, raconter à sa mère sa mésaventure.

La chaleur étant devenue moins torride, la famille continua sa promenade.

Félix marchait silencieusement à l'avant-garde, sa ligne sur l'épaule, et laissait passer devant lui sans même les regarder, de beaux papillons aux ailes bleues. Il ne songeait donc pas comme autrefois à enrichir sa collection ? Evidemment il réfléchissait.

Tout à coup se rapprochant de Mlle Berny :

— Regarde comme elle brille, lui dit-il en désignant l'ablette. Je regrette maintenant de l'avoir prise. Qu'est-ce que je vais en faire ?

— Fais-en des perles ! s'écria Georges.

— Des perles ? Ce n'est pas possible ! dit Félix qui croyait que son frère se moquait de lui.

— Tu ne pourrais pas en faire, toi, c'est certain ; mais il est très possible d'en fabriquer, dit à son tour Mlle Berny ; seulement, les perles ainsi faites ne sont, tu le penses bien, que des imitations ; car, tu sais que les véritables perles sont produites par une sécrétion spéciale de l'huître. Pour cette fabrication on détache la matière brillante, argentée qui se trouve sur les écailles de l'ablette et on la conserve dans de l'alcali volatil étendu. On obtient ainsi ce que l'on appelle de *l'essence d'Orient*. Il suffit alors d'introduire cette préparation dans de petits globules de verre pour leur donner un éclat comparable à celui des perles véritables.

— Sait-on de quelle matière est faite une vraie perle ?

— Certainement et tu peux le deviner toi-même ; mais, pour te mettre sur la bonne voie je te dirai auparavant qu'une perle se produit chaque fois qu'une petite pierre, un petit grain de sable, se trouvent engagés dans l'huître ; celle-ci alors, pour se protéger du contact des matières pierreuses, les enveloppe d'une substance qui constituera la perle. Cette matière est secrétée par le *manteau* de l'huître, cette même partie de l'animal qui sert à former sa coquille. Il doit donc y avoir analogie entre la matière qui constitue la coquille. Sais-tu maintenant quelle est cette substance ?

— C'est la craie, dit Félix sans aucune hésitation.

— Très bien ! J'ajouterai encore que l'industrie des perles fausses est une des plus importantes de Paris. Des milliers d'ouvrières gagnent leur vie à souffler les globules de verre et à les remplir de cette matière. Enfin j'espère que tu seras satisfait quand je t'aurai dit que cette fabrication est due à un émailleur français, Jacquin, qui l'inventa en 1656.

Mlle Berny avait fini de parler que Félix écoutait encore. Au bout de quelques instants de silence, il se hasarda à demander avec une légère pointe d'étonnement :

— C'est tout ?

— Mais oui ! que veux-tu de plus ?

— Je ne sais pas trop… mais…. — Nouveau silence.

— Mais quoi ?

— Mais enfin qui était-ce cet émailleur ? dans quelle ville est-il né ? A-t-il inventé autre chose ? Est-ce qu'on lui a élevé une statue pour avoir ainsi contribué à enrichir la France, Paris en particulier, de cette belle invention ?

— Voilà bien des questions que je suis heureuse de t'entendre poser dit Mlle Berny. Mais je ne puis y répondre comme tu le voudrais, comme je le désirerais moi-même, car on ne possède malheureusement aucune indication biographique, non seulement sur Jacquin, mais sur une foule d'autres inventeurs. Jusqu'ici on ne s'est guère occupé que des rois, des conquérants, de leurs batailles, de leurs moindres faits et gestes, tandis que l'histoire des inventeurs, l'histoire réelle de l'humanité et de ses progrès, a été totalement négligée. Jacquin n'est donc qu'un de ces nombreux et obscurs pionniers du travail, dont le nom, à peine, nous est parvenu. C'est à nous de réparer envers ces glorieux ouvriers, l'injustice dont ils ont si longtemps été victimes ; accordons toute notre reconnaissance, toute notre admiration à ces travailleurs modestes et persévérants qui ont pris pour devise cette belle et féconde pensée :

« Celui qui dans sa vie a planté un arbre, s'est rendu utile à ses semblables. » (1)

(1) Proverbe indien.

CHAPITRE XI

Les aiguilles flottantes.

Rentré le soir à la maison, Félix n'oublia pas de demander à sa marraine l'expérience relative à la capillarité.

— Quel enfant terrible ! dit Mme Montbert à sa sœur. Il ne te laissera pas un instant de repos ! A peine sommes-nous arrivés qu'il lui faut faire son expérience.

Mais en réalité Mme Montbert était heureuse d'être distraite de ses pensées par les perpétuelles questions de son jeune fils.

Comme nous l'avons déjà fait entendre, depuis la mort de son mari, elle avait à continuer un procès resté en suspens et jusqu'ici toutes les chances se trouvaient contre elle.

Par un concours de circonstances inexplicables

il manquait au dossier une pièce très importante ; au dire du notaire, cette pièce établissait d'une manière irréfutable la fausseté des réclamations des anciens associés de M. Montbert.

Toutes les recherches pour la trouver étaient restées sans résultat et cependant le procès allait reprendre son cours interrompu par la mort de maître Dubichon.

Mme Montbert voyait arriver le moment où il lui faudrait subir l'arrêt du jugement qui la condamnerait sans nul doute à verser la somme réclamée. Cette somme, elle la possédait bien, mais elle l'avait destinée à l'éducation et à l'instruction de ses enfants ; et ses ressources étaient trop modestes pour qu'elle pût jamais espérer arriver à combler cette lacune.

Aussi fut-elle bien heureuse de voir arriver l'époque des vacances qui devait ramener à la maison ses deux fils et sa sœur, Mlle Berny. Leur présence, leurs conversations sans fin, l'affection qu'ils lui portaient devaient être autant de diversions aux pensées qui l'obsédaient et lui montraient, pour ses enfants, l'avenir sous un si vilain jour.

C'est pourquoi elle demanda aussitôt à Mlle Berny

quels étaient les objets nécessaires pour l'expérience.

Cette expérience, comme on le sait, devait
montrer que la capillarité est une force assez puissante pour soutenir sur l'eau une aiguille, un
corps relativement lourd par conséquent.

— Félix va se les procurer lui-même, dit
Mlle Berny. Tu vas prendre à la cuisine, dit-elle en
s'adressant au petit garçon, un verre d'eau, un
peu de graisse ou d'huile dans une soucoupe ; tu
apporteras également une aiguille.

Deux minutes après, maître Félix revenait porteur des objets demandés.

—Eh ! bien, maintenant, dit Mlle Berny, pour faire
tenir l'aiguille sur l'eau, il suffit de bien recouvrir
cette aiguille de graisse et de la déposer délicate-
ment sur l'eau en la tenant par les deux extrémités de façon à n'enlever le corps gras sur aucune
de ses parties et de façon aussi à la déposer tout
d'une pièce.

— C'est curieux tout de même la capillarité,
disait Félix en voyant l'aiguille flotter sur l'eau
comme un morceau de bois ; puisque cette force
est si puissante, on devrait l'utiliser. Est-ce qu'on
ne s'en sert que pour s'amuser ?

— Non, dit Mlle Berny, il y a de grands travaux dans les mines qui reposent sur les actions capillaires. On se sert également de ces actions pour exercer de très grands efforts. C'est ainsi que le marbre statuaire, ne pouvant être arraché de la carrière au moyen de coups de mine qui le feraient voler en éclats, est séparé des bancs de roches au moyen de coins en bois très secs et très poreux. Ces coins sont disposés dans une ouverture que l'on fait au pic, espèce de pioche dont se servent les mineurs, puis sont mouillés : les actions capillaires intervenant, le bois absorbe l'eau, augmente de volume et sa pression est telle que le bloc de marbre finit par être détaché.

En outre la capillarité intervient chaque jour dans une foule d'applications courantes : c'est ainsi que l'huile qui, en ce moment, brûle dans la lampe, monte par capillarité dans la mèche. En effet la mèche est un tissu qui présente une foule de petits trous et Georges t'a dit dans la journée que les liquides s'élèvent dans les tubes capillaires, c'est-à-dire dans des tubes fins comme l'est un cheveu puisque *capillaire* vient d'un mot latin qui veut dire cheveu.

— Est-ce aussi par capillarité que le papier buvard absorbe l'encre ? demanda Félix.

— Certainement, et voilà une très bonne observation.

Comme le papier buvard n'est pas *collé* ainsi que le papier sur lequel on écrit, il offre une série de petites interstices qui, en présence de l'encre, donnent lieu à des phénomènes capillaires.

Il y a encore une substance dans laquelle les liquides montent par capillarité. Essaye de la trouver, tu t'en sers tous les matins au déjeuner quand tu prends ton café, ajouta Mlle Berny en voyant le silence de l'enfant.

— C'est le sucre !

— Bien ! Ainsi les liquides montent dans le sucre par capillarité ; il y a donc des trous dans le sucre ?

— Oui, marraine, se hâta de répondre Félix, à l'école, M. Florent, notre instituteur, nous l'a appris.

Pour le prouver il nous a dit qu'on pouvait très bien respirer à travers un morceau de sucre en se serrant le nez pour que l'air n'entre pas et en tenant le morceau de sucre contre les lèvres.

— Vraiment ! dit Mlle Berny étonnée, voilà une

expérience très concluante et que je ne connais-
sais pas. C'est maintenant toi qui vas me donner
des leçons! C'est très bien et tu fais honneur à
ton maître.

Et ajouta-t-elle, mon jeune professeur, puisque
nous sommes sur le chapitre des expériences, que
nous causons capillarité, si nous essayions de
construire un petit appareil de physique reposant
sur cette propriété, une sorte de siphon par
exemple. Tu sais ce que c'est qu'un siphon !

— Oui, marraine; c'est un tube de verre recourbé dont un des côtés est beaucoup plus long
que l'autre. Cet appareil sert à transvaser les li-
liquides.

Pour cette opération on place le vase où se
trouve le liquide un peu plus haut que le vase dans
lequel on veut le mettre; dans le premier, on fait
plonger la branche la plus courte du tube de verre,
du siphon, et par l'autre branche on aspire un peu
pour chasser l'air, de sorte que le liquide monte
dans la petite branche; quand il est arrivé à la
courbure du siphon, il descend dans la grande
branche au-dessous de laquelle on a placé l'autre
vase, et il y coule jusqu'à ce qu'il n'y ait plus de
liquide dans le premier vase.

— C'est cela même. Eh! bien, on peut construire un siphon en employant à la place du tube de verre une simple bandelette de drap. On la dispose de telle façon qu'elle trempe dans deux vases placés à différents niveaux; si le verre supérieur contient de l'eau, cette eau passera, au bout d'un certain temps, dans le verre inférieur.

Le drap aura donc ici, par capillarité, joué le rôle de siphon.

Félix s'empressa de construire ce petit appareil de physique et, au bout de quelques instants, il constata qu'une certaine partie de l'eau du vase supérieur avait passé dans le vase inférieur.

— Tu vois, lui dit Mlle Berny, comme une simple observation peut donner naissance à l'étude d'une foule d'applications utiles et curieuses à connaître. Aussi je ne me fatiguerai pas de répéter « qu'il n'y a rien de futile à qui sait voir, rien d'indifférent à qui sait observer. »

CHAPITRE XII

Les équilibristes et les lois physiques.

C'est un dimanche. Maître Félix depuis le déjeuner paraît en proie à une grande préoccupation. La lecture ne suffit plus à son esprit actif et curieux ; aussi, tantôt il essaye d'amener sa marraine sur un sujet favori de sciences physiques ou naturelles, tantôt il s'adresse à son frère Georges et lui demande de se livrer encore à quelques expériences de physique amusante.

Mais Mlle Berny attend une visite ; quant à Monsieur Georges, il est très heureux d'invoquer le repos dominical pour échapper à la persécution qu'il subit de maître Félix toutes les fois que Mlle Berny est occupée.

Aussi maître Félix se demande ce qu'il va faire, lorsque tout à coup des roulements de tambour, le son de la trompette se font entendre : des gens courent sur la grande route ; tout le village est en émoi. Naturellement Félix se précipite à la fenêtre : il aperçoit bientôt une troupe de saltimbanques qui se dirigent vers la place du village, suivis par une foule toujours curieuse de ces sortes de spectacles.

Les jongleurs sont accompagnés d'un ours, d'un singe, de chiens savants et défilent majestueusement dans leurs costumes chamarrés. Tout cet attirail séduit singulièrement Félix qui, saisissant soudain son chapeau, entraîne Georges bon gré mal gré et arrive en courant sur la place de l'église.

Un bateleur annonçait déjà d'une voix éclatante le programme du grand et merveilleux spectacle.

Félix fut tout yeux, tout oreilles et ne perdit pas une scène de la représentation, depuis la danse gracieuse de l'ours, jusqu'à la comédie jouée par les chiens, depuis les contorsions d'un acrobate émérite, contorsions d'un goût plus ou moins douteux, jusqu'aux exercices des jongleurs et des équilibristes. Ces derniers eurent surtout le talent de le faire s'enthousiasmer pour leur habileté à se tenir dans les positions les plus bizarres et les plus incompréhensibles. Il ne put s'empêcher de comparer leur souplesse et leur agilité à la lourdeur des mouvements qu'il observa chez un grand nombre de spectateurs. En effet tous les gars du pays essayèrent en vain de saisir une pièce de monnaie que l'équilibriste offrait à celui qui serait assez habile pour s'en emparer.

L'expérimentateur devait après s'être bien appuyé verticalement contre un mur se baisser ensuite sans avancer les pieds et prendre la pièce posée à terre à quelques pas de là.

Tous échouèrent, et les plus malins ne parvinrent qu'à rouler dans la poussière et à se retirer honteusement devant l'hilarité générale.

Mais lorsqu'un des équilibristes fit tenir sur son front une mince baguette à l'extrémité de laquelle tournait une assiette, le jeune et curieux spectateur fut étonné à tel point qu'il ne put s'empêcher de s'écrier en se retirant avec Georges :

— J'avoue, ma foi ! que ces équilibristes sont bien étranges, et qu'il est bien plus extraordinaire encore qu'ils ne soient pas astreints comme nous à faire en sorte que leur centre de gravité se

trouve toujours sur la verticale passant par leur
point d'appui.

— Comment peux-tu dire une pareille hérésie!
s'écria Georges avec indignation. Est-ce que les
lois de la nature peuvent varier? Est-ce qu'elles
souffrent des exceptions? Est-ce qu'un fait particulier, un misérable détail viendrait détruire
l'harmonie générale? En vérité tu as l'esprit bien
peu scientifique; tes convictions sont bien peu
sérieuses pour t'amener à faire une objection
aussi absurde!

Félix était resté tout interdit à cette brusque
incartade de son frère et ne savait que répondre à
cette véhémente apostrophe.

Cependant il était fâché de se voir ainsi traité
d'esprit superficiel.

— Ecoute, dit-il à Georges, si j'avais réfléchi
je n'aurais peut-être pas dit cette hérésie comme
tu l'appelles; je suis donc dans mon tort. Mais
dussè-je encore te faire bondir d'indignation,
j'ajouterai que je ne vois pas trop comment
tu pourrais démontrer que ces tours d'équilibre
ne s'écartent pas de la loi générale; car enfin je
veux bien te croire sur parole, mais j'aimerais
encore mieux comprendre pourquoi je dois croire.

— Le meilleur moyen pour arriver à ce résultat, est de *voir*, répondit Georges. Quand je t'aurai démontré par *l'expérience* qu'il en est *toujours* ainsi tu seras bien forcé, je suppose, de te rendre à l'évidence.

— Naturellement. Alors en ce cas tu vas me faire des expériences sur le centre de gravité? Tu vas me convertir; en un mot, tu vas me démontrer par A plus B, comme tu dis souvent, que les apparences sont parfois trompeuses et qu'une loi naturelle est toujours générale, ne souffre pas d'exception, etc., etc., etc.

Sais-tu que tu es un apôtre d'une violence terrible! On voit bien que tu es un nouvel adepte des théories de marraine et qu'elles t'ont fameusement enthousiasmé! Quel zèle extraordinaire! Il est bien la marque d'une conversion récente.

Cette petite méchanceté fut lancée avec une certaine pointe de malice et d'ironie qui donna à réfléchir au bouillant-néophyte. Georges dut sans doute se repentir un peu de sa violente sortie et des reproches qu'il avait adressés à son jeune frère, reproches qu'on eut pu la veille lui adresser à lui-même au moins avec autant d'à-propos. Mais Georges n'était point à un âge où on connait la modération, où l'on est indulgent pour les autres en songeant aux fautes qu'on a commises; il s'abandonnait à tout son enthousiasme de nouvel initié. Néanmoins il avait su comprendre qu'une affirmation de ce genre avait besoin d'être confirmée par l'expérience, se souvenant en cela d'une parole célèbre :

« Les sciences peuvent seules enseigner la non-crédulité sans enseigner le scepticisme, ce suicide de la raison. »

(PAUL BERT.)

CHAPITRE XIII

A quoi peut servir une poire entre les mains d'un physicien.

Georges et Félix se trouvent dans la salle à manger où ils ont mis tous les ustensiles de table à contribution : les bouteilles, les fourchettes, les couteaux, les bouchons sont de la fête et maître Félix siffle comme un pinson.

Mais son frère arrête court cette gaieté exubérante en lui faisant cette simple question:

— Et d'abord, qu'entends-tu par ce mot : centre de gravité?

Félix fait une grimace significative; néanmoins après un moment de silence il commence posément:

— Le centre de gravité d'un corps, dit-il, est un point particulier de ce corps qui.... que....

qu'on peut déterminer en suspendant ce corps par
un point puis par un autre point; le point où ces
points se rencontrent.....

— Quel charabia! s'écrie Georges en riant. Je
vois que tu n'es pas fort sur les définitions.

Et Georges continua :

— Le centre de gravité est le point d'application de la résultante des actions élémentaires de
la pesanteur sur ce corps.

Cette *élégante* définition est donnée sur un petit ton légèrement pédant qui rappelle le Georges
des anciens jours. C'est décidément bien difficile
de se corriger de ses défauts!

Félix a poussé un « ah ! » à lui seul bien élo-
quent.

— Le voilà pris en flagrant délit de récidive!
s'écrit Mlle Berny qui a tout entendu et entre,
poussée par la curiosité de ce piquant début.

Georges, un moment interdit, reprend bientôt
tout son calme, toute sa présence d'esprit.

Après avoir galamment invité Mlle Berny à
assister à ses expériences, il commence sa leçon
avec moins de pompe et plus de naturel, ce qui
ne nuit jamais et donne presque toujours le rare
privilège de se faire comprendre de tous.

— Eh! bien donc, dit-il, je vais essayer d'expliquer ma définition qui ne dit pas grand chose, je l'avoue, et risque fort de m'amener une infinité de pourquoi et de comment.

Si on prend un corps, un morceau de craie par exemple, on constate qu'en l'abandonnant il tombe verticalement sous l'action d'une force particulière qu'on ne connaît que par les effets qu'elle produit, mais à laquelle on a donné le nom de pesanteur.

Si maintenant on réduit en petits fragments ce morceau de craie, chacun de ces petits fragments tombera suivant la verticale : aucun d'eux ne sera soustrait à l'action de la pesanteur. Par conséquent chacun de ces petits fragments est attiré par une force; et, comme on peut concevoir ces fragments aussi petits que l'on veut, il y aura une infinité de petites forces; donc en réalité la force unique qui attire la craie et que nous appelons poids du corps est formée d'une foule de petites forces; c'est en un mot ce qu'on appelle la *résultante* de toutes ces petites forces.

— Je comprends bien, dit Félix, qu'il y ait autant de petites forces, que de petits fragments considérés; mais c'est cette résultante, dont j'ai déjà entendu parler, que je ne vois pas.

— Précisément, dit Georges, tu ne dois pas non plus la voir en même temps que les petites forces dont nous avons parlé; en lieu et place de ces dernières nous substituons cette force unique qui, en réalité, n'existe pas mais que nous pouvons concevoir à la condition expresse qu'elle produise identiquement le même effet que toutes les petites forces réunies et qu'on appelle les *actions élémentaires* de la pesanteur.

— Bon! Passons au centre de gravité, dit Félix.

— Un peu de patience, s'il vous plaît! répliqua Georges qui n'aimait pas trop se presser.

Si tu veux qu'une force unique produise le même effet que plusieurs autres, tu dois comprendre qu'il faudra appliquer cette force en un point particulier. Ce point particulier où il faudra que nous appliquions la résultante des actions de la pesanteur est précisément ce qu'on a nommé le *centre de gravité;* et il est tellement vrai que cette force n'est que conçue par notre raison, que le point où il faudrait appliquer cette force est quelquefois situé hors du corps.

C'est ainsi que si on veut remplacer par une force unique toutes les forces qui attirent les différentes parties d'un anneau, il faudra appliquer cette force juste au milieu de cet anneau, c'est-à-dire en un point qui n'appartient précisément pas à l'anneau.

— Mais, dit Félix, si on remplace plusieurs forces par une autre, rien ne prouve que cette force tire le corps dans la même direction que les autres.

— C'est certain, dit Georges ; mais alors si cela était cette force ne serait pas la résultante des autres, puisqu'elle ne produirait pas le même effet.

—Mais pour la pesanteur, comment saura-t-on que cette résultante est dirigée comme les forces qu'elle remplace ?

— Précisément par l'expérience que l'on fait pour déterminer le centre de gravité.

Jusqu'à ce moment Mlle Berny avait assisté au dialogue des deux frères sans ajouter un mot ; elle était en effet curieuse de voir comment le jeune professeur allait se tirer de la question ardue du centre de gravité.

Sa curiosité satisfaite, elle n'hésita pas à donner une leçon de méthode au jeune bachelier en l'invitant à prendre un exemple et à déterminer

séance tenante le centre de gravité d'un corps.
Aussi s'empressa-t-elle de prier Félix d'aller
chercher une poire, du fil et une aiguille à tricoter.

Georges prend la poire que lui remet Félix et
l'attache au fil, puis la suspendant par ce dernier
il reprend sa démonstration :

— Si tu coupais le fil sans secousse, si tu le
brûlais par exemple, dans quelle direction se dé-
placerait la poire ?

— Dans la direction du fil évidemment, répondit Félix presque vexé d'avoir à répondre à une
question aussi simple.

— Eh! bien, il faudrait donc que cette force
unique eut cette direction, il faudrait par suite
l'appliquer en un point quelconque de la poire
pris sur la direction du fil.

A ce moment Mlle Berny présenta l'aiguille à
tricoter qu'elle avait réclamée et s'adressant aux
deux jeunes physiciens :

— Eh! bien, Messieurs, dit-elle, marquez donc
cette direction en enfonçant cette aiguille dans la
poire, sur le prolongement même de votre fil.

Ce qui fut dit fut fait.

Mais si cette expérience contentait Georges, elle

était loin de satisfaire l'esprit tenace de maître Félix, qui ne perdait pas un seul instant de vue le résultat à obtenir.

— Mais où est donc ce centre de gravité? dit-il en manifestant une certaine impatience.

— Nous y sommes enfin, dit Georges; suspendons encore la poire par un autre point au moyen de cette boucle; passons encore l'aiguille puis maintenant nous avons le centre de gravité; si nous avons bien procédé les deux trous pratiqués par l'aiguille passeront par le même point et ce point est le centre de gravité.

Il coupa la poire en ayant soin de faire suivre au couteau la dernière direction de l'aiguille et ce qui avait été annoncé se trouva réalisé. Maître Félix crut à propos d'applaudir des deux mains pour remercier son patient professeur.

CHAPITRE XIV.

L'homme seul apprend à marcher.

— Eh ! bien, dit Georges à Félix, maintenant que tu comprends bien ce que c'est que le centre de gravité, tu pourras parfaitement te rendre compte des lois qui président à l'équilibre des corps. Tu sais sans doute qu'il y a une foule d'expériences amusantes qui permettent de vérifier ces lois ?

— Oui, dit maître Félix, je connais l'expérience des fourchettes piquées dans un bouchon et qui tiennent, en même temps que ce bouchon, sur une épingle.

— Oh ! oh ! dit Georges, tu aimes décidément le merveilleux ; et comme à beaucoup de personnes il te faut des expériences à effet. N'importe, j'accepte ton expérience que tu voudras bien me faire tout à l'heure. En attendant, parlons, si tu le veux bien, de choses plus simples.

Avant de parler des fourchettes, etc, si nous parlions de notre propre équilibre à nous-mêmes ; car, en somme, il faut encore apprendre à se tenir en équilibre, si facile que cela paraisse. Tu sais bien que l'homme a besoin d'apprendre à tout faire, et il y a longtemps que les philosophes ont constaté avec justesse que de tous les animaux l'homme seul apprend à marcher.

Tu vas trouver sans doute que c'est une science facile à acquérir, parce qu'on oublie bien vite le temps où l'on se risquait difficilement à faire quelques pas dans une chambre. D'ailleurs tous les hommes ne possèdent pas au même degré cette science instinctive de l'équilibre ; tel individu tombera plus facilement qu'un autre ; à ton école tu as vu sans doute tes camarades se livrer à une foule de jeux dans lesquels le gagnant est celui qui sait se tenir le mieux sur un seul pied.

— Oui, dit Félix, le jeu de la chaire ou du pallet, ce jeu où l'on dessine de grands rectangles par terre, sur lesquels il s'agit de pousser un pallet en se tenant sur un seul pied et sans toucher du pied une des lignes droites du rectangle.

— Eh ! bien, peux-tu me dire pourquoi il est plus difficile de se tenir sur un seul pied que sur les deux ?

— Tiens, dit Félix surpris.... C'est parce que.... Enfin c'est évidemment plus difficile.

— Tu vois bien, dit Georges, qu'ici comme à l'école ce sont les questions les plus faciles qui embarrassent le plus souvent. Voyons qu'as-tu appris, puisque tu as fait un peu de physique, sur les conditions de l'équilibre ? On t'a dit n'est-ce pas que la verticale passant par le centre de gravité doit tomber dans la base d'appui. Or la base d'appui pour un homme qui se tient debout est formé....

— Par les deux pieds, répondit Félix.

— Eh ! bien, non, riposta Georges ; et, une fois de plus, tu prouves qu'en répondant trop vite, on risque fort de répondre une bêtise. La base d'appui n'est pas seulement formée par les deux pieds, mais aussi par l'espace qui est compris entre les deux pieds. Cela est tellement vrai que lorsque tu veux résister à un de tes camarades qui s'apprête à s'élancer sur toi, tu écartes les deux jambes dans le sens où il va te pousser et tout cela pour augmenter ta base d'appui et faire en sorte que, si tu cèdes légèrement à l'impulsion donnée, le centre de gravité de ton corps quoique déplacé se trouve toujours au-dessus de la base d'appui. Regarde également les soldats à l'exercice ; tu verras que dans les mouvements d'attaque ils écartent préalablement les jambes avant de lancer leurs fusils en avant. En un mot plus la base d'appui est grande et plus l'équilibre est facilement obtenu.

Lorsqu'on se tient sur un seul pied, la base d'appui est très réduite, de telle sorte qu'il faut plus d'attention pour maintenir le centre de gravité au-dessus de cette base ; et la difficulté est d'autant plus grande que tout le corps est supporté par une seule jambe et qu'en outre il n'est pas symétriquement placé par rapport à cette jambe ; aussi faut-il légèrement incliner le corps sur le côté où l'on s'appuie. Une autre preuve que, dans la base d'appui, doit intervenir l'espace compris entre les deux pieds c'est qu'il est très difficile de marcher sur une planche qui n'a pour toute largeur que l'épaisseur des deux pieds.

— Oh ! oh ! dit Félix, c'est décidément plus difficile que je ne pensais de se tenir sur un seul pied.

Mlle Berny avait écouté avec beaucoup d'intérêt les explications que Georges venait de donner ; et nous devons à la vérité de dire qu'elle n'était pas fâchée de voir les progrès accomplis par le jeune professeur. Elle attribuait, en effet, et non sans raison, ces progrès aux quelques observations qu'elle s'était permis de faire à son neveu.

— A la bonne heure ! dit-elle à Georges, tu sais rendre ta science intéressante ; et si cela continue, comme je l'espère, tu feras de ton frère un très grand physicien.

Tu viens de dire que plus la base d'appui est grande et plus les corps sont en équilibre. Pourquoi craindre d'ajouter l'autre élément si nécessaire à donner le degré de stabilité d'un corps ?

— La hauteur du centre de gravité au-dessus de la base d'appui ? dit Georges.

— Evidemment ; et tu vas voir que Félix va très bien saisir cela. Voyons, dit-elle en s'adressant à ce dernier, passe-moi cette carafe et compare sa forme à celle de cette bouteille.

— Elle est plus large en bas qu'en haut, dit Félix.

— C'est parfait. Elle a ce qu'on appelle une forme conique ; la bouteille au contraire est cylindrique ; et tu vois que les deux bases sont sensiblement les mêmes. Quant aux poids ils sont aussi à peu près les mêmes, puisqu'elles contiennent l'une un litre d'eau et l'autre un litre de vin ; la seule différence est donc bien la forme renflée de la carafe, qui t'a frappé. Aussi, si nous déterminions le centre de gravité des deux corps, nous verrions que celui de la bouteille est à la moitié de la hauteur, celui de la carafe n'est au contraire qu'au tiers de la hauteur ; il est par conséquent plus bas et je vais te prouver que la carafe est plus stable. Inclinons-les toutes les deux de plus en plus de la même quantité. Tu vois qu'arrivée en ce point-ci la bouteille tomberait par terre, tandis que — regarde la carafe — je l'abandonne à elle-même, elle revient à sa position première ; donc son équilibre est toujours stable.

— A mon tour, dit Georges à sa tante, j'avoue que je me déclare battu; je n'aurais jamais osé parler du degré de stabilité à Félix et encore moins lui citer cet exemple.

— Alors, dit Félix, en interrompant son frère et sa tante dans leur assaut de politesse, plus le centre de gravité est bas et plus le corps est stable?

— Absolument, dit Mlle Berny ; et les monuments
qui pourront le mieux résister aux divers boule-
versements seront ceux qui sont le plus stables.
Aussi voyons nous encore debout les pyramides
qui, par leur forme, présentent un grand degré
de stabilité ; il est très probable que si elles
avaient été construites comme la tour de Pise
nous ne les aurions jamais connues. Toutes les
fois que l'on veut construire un édifice élevé et
durable on lui donne une largeur beaucoup plus
grande à sa base qu'à son sommet ; les tours
elles-mêmes sont légèrement rétrécies à la partie
supérieure ; tu as sans doute entendu parler de
la tour d'Eiffel ?

— Oui, dit Félix, cette fameuse tour de 300^m
de hauteur qu'on veut construire pour l'Exposition
de 1889. J'en ai vu le dessin, il y a trois jours,
dans un journal illustré.

— C'est cela même. Eh ! bien ; mais maintenant
tu dois t'expliquer sa forme ?

— Effectivement, dit Félix ; elle est très pointue
en haut et très large en bas.

— Il y a même plus : les deux côtés de la tour
rentrent un peu : ce sont, en un mot, des courbes
concaves, et non des lignes droites : tout cela a

été calculé par les savants ingénieurs pour lui donner la plus grande stabilité possible.

— A quoi va-t-elle servir, marraine ? dit l'enfant très heureux de rencontrer l'occasion de demander à sa tante des renseignements sur ce monument qui l'avait tant frappé.

— Je te dirai cela plus tard, dit Mlle Berny ; pour l'instant continuons à nous occuper de notre sujet : la stabilité de nos propres corps, qui, au point de vue de la pesanteur, ne se comportent ni plus, ni moins que comme des corps inertes.

— Oh ! par exemple, dit Félix, je veux bien croire qu'une personne ordinaire soit dans ce cas, mais un équilibriste, quelqu'un en un mot qui s'est longuement exercé peut bien, par la force de ses muscles arriver à se tenir en équilibre même contre la nature.

— Eh ! bien, non, monsieur le physicien. Vous n'êtes décidément pas encore bien convaincu des lois naturelles ; l'équilibriste ne peut se tenir debout dans des conditions qui paraissent anormales qu'en s'empressant à chaque instant par sa promptitude à obéir aux lois de l'équilibre.

C'est ainsi que si un équilibriste peut se tenir sur une boule, il ne le fait que parce qu'à chaque

instant et très rapidement, il maintient son centre
de gravité toujours exactement sur la verticale
qui passe par le point où la boule repose par
terre ; ce point, il est vrai, change de position à
chaque instant ; mais à chaque instant aussi
l'équilibriste change de position ; ce qu'un équilibriste fait on pourra même l'obtenir avec un
corps inerte : tu pourras demander à Georges
comment une toupie peut rester en équilibre sur
sa pointe ; mais aucun équilibriste ne pourra
sans tomber placer son centre de gravité au dehors
de sa base d'appui.

— Comment, dit Félix en s'adressant à Georges,
l'équilibriste que j'ai vu tout à l'heure, n'aurait
pas pu ramasser la pièce de monnaie que les
enfants du village essayaient de prendre ?

— Pas du tout, dit Georges ; et toi-même tu
peux te rendre compte de cela en essayant l'expérience. Place-toi contre le mur en ayant soin que
tes talons le touchent bien.

Et maître Félix avec un air aussi sérieux que
comique, se fit un devoir d'obéir à la consigne.

— Eh ! bien, essaye maintenant, lui dit Georges,
de ramasser cette pièce. Bien entendu tu ne dois
pas te tourner de côté.

Malgré son grand désir le jeune physicien ne put arriver à faire ce que lui commandait son frère.

— Pour la même raison, lui ajouta-t-il, tu ne pourras, si tu te places sur une chaise, te relever sans pencher le corps en avant.

— C'est curieux, dit Félix en forme de conclusion : tout le monde fait de la physique, comme Monsieur Jourdan faisait de la prose, sans le savoir.

CHAPITRE XV.

Entre physiciens et cuisinières.

Au surplus il était temps que ces expériences sur l'équilibre du corps de l'homme prissent fin, car Jeanne venait de rentrer dans la salle à manger pour mettre le couvert.

A plusieurs reprises, pendant le dîner, maître Félix fit allusion à tout ce qu'il avait entendu dire dans la journée. Son esprit sans cesse éveillé ne pouvait rester un instant en repos. Avec quel plaisir, entre deux plats, se serait-il livré avec les assiettes, les couteaux et les fourchettes à toute une série d'expériences ! Mais, avant tout, maître Félix était bien élevé et savait se conduire à table. D'ailleurs Mme Montbert et sa sœur ne prêtaient plus une oreille attentive aux observations provocatrices du jeune physicien. Seul le procès, dont la date du jugement approchait de plus en plus, les préoccupait vivement et malgré leurs efforts pour éviter de s'entretenir de ce sujet devant l'enfant, la conversation les amenait sur cette affaire.

Monsieur Ordreau successeur de maître Dubichon, le maniaque notaire dont nous avons parlé, avait en vain essayé de reconstituer toutes les pièces qui étaient de nature à faire valoir les droits incontestables de Madame Montbert ; la plus importante d'entre elles manquait toujours ; et Madame Montbert s'apprêtait à partir un jour ou l'autre à Nevers pour rechercher auprès des amis de son mari des témoins pouvant faire valoir ses droits.

Aussi devons-nous avouer que la fin du repas était attendue avec impatience par maître Félix, qui voulait absolument montrer à Georges son savoir-faire en exécutant devant lui l'expérience des fourchettes dont il lui avait parlé.

A peine Madame Montbert et sa sœur avaient-elles quitté la table, que Félix demandait des épingles à Jeanne. Une de ces épingles fut bien vite enfoncée par lui dans le bouchon d'une bouteille ; contre un deuxième bouchon il piqua les

deux fourchettes disposées de manière à former
un V renversé ; le bouchon fut lui-même traversé
suivant son axe par une aiguille que Félix enfonça
par la tête et alors, triomphant, maître Félix
annonça à son frère Georges qu'il allait faire tenir
en équilibre tout le système qu'il tenait à la main.
Puis en tâtonnant il essaya de poser la pointe de
l'aiguille du système mobile sur la tête de l'é-
pingle qui se trouvait sur le bouchon de la bouteille.

Qui aurait vu maître Félix dans ses tâton-
nements n'aurait pas tardé à voir en lui une certaine sûreté de main et ces mouvements naturels
qui caractérisent l'adresse manuelle.

Aussi notre jeune physicien ne tarda pas à
pouvoir donner une petite impulsion à tout le
système mobile en équilibre. Les frottements étant
très faibles, le mouvement de rotation dura très
longtemps.

Georges félicita son jeune frère sur son adresse
et lui adressant la parole :

— Je vais, lui dit-il, compléter ton expérience.

Il prit trois couteaux qui étaient encore sur la
table, les posa de manière à leur faire former
comme les trois branches d'une étoile dont le

centre était occupé par l'extrémité des lames.
Rapprochant l'un de ces couteaux il mit la pointe
de l'un sous la lame de l'autre à 4 centimètres de
son extrémité ; il en fit autant dans le même
ordre pour le troisième couteau et obtint ainsi un
petit triangle à côtés égaux formé par les pointes
des lames. Saisissant tout l'ensemble d'une main,
il fit placer, par son jeune frère, un verre
sous chaque branche de couteaux ; et, avec précaution, abandonna cette espèce de pont mobile
triangulaire à lui-même. Les couteaux se soute-
naient les uns les autres.

— Mais ça ne peut pas tenir cela ! dit Félix,
tout le système va tomber !

— Non, lui répliqua Georges, car les couteaux
se supportent mutuellement ; et tu vois que c'est
le cas de dire plus que jamais que c'est l'union
qui fait la force. Non seulement mon système se
tient tout seul en équilibre ; mais il peut résister
à un effort : tu peux t'en rendre compte toi-même
en prenant ton tourniquet de fourchettes et en le
posant avec son support, la bouteille, sur mon
fragile édifice.

Tant d'assurance encouragea maître Félix, qui
fit ce que son frère avait avancé, et dans sa joie

d'avoir réussi, il se mit à battre des mains tant
et si bien que son coude ayant frappé la table, la
secousse renversa tout le système. Un bruit de
vaisselle cassée se fit entendre et une tache rouge
se forma sur la nappe. Après ce désastre on
compta les victimes qui fort heureusement n'é-
taient qu'au nombre de deux : un des trois verres
et la bouteille à moitié remplie de vin rouge, support du tourniquet de maître Félix. L'enfant
s'apprêtait déjà à réparer les conséquences de sa
joie par trop démonstrative, et commençait à se
consoler des dégâts accomplis relativement faibles
lorsque la porte s'ouvrit. C'était Jeanne qui était
accourue au bruit de la casse et qui, oublieuse du
respect qu'une cuisinière doit à un physicien,
s'empressa de sermonner maître Félix. Elle déclara
en concluant que jamais il ne pourrait rien posséder si cette rage de faire le saltimbanque ne
venait à le quitter.

— Je paierai la bouteille, dit Félix, décidément
outré des reproches de la cuisinière, je paierai
également, continua-t-il, le vin que j'ai perdu ; et,
après des arguments aussi décisifs, il invita
Jeanne à retirer du champ de bataille les glo-
rieuses victimes de ses recherches scientifiques.

Mais un homme fort ne se trouve vraiment bien que dans l'adversité. Telle dut être la pensée de Félix lorsqu'il pria Georges de lui permettre de recommencer l'expérience. Celui-ci cependant refusa d'obtempérer à la demande de son jeune frère et cela d'autant plus facilement qu'il voulait pour le dédommager de son émotion, lui faire une autre expérience du même genre.

— Tu es riche, lui dit-il, puisque tu veux payer la vaisselle cassée. Eh! bien, donne-moi une pièce de dix centimes. Je te promets de la faire tenir sur le bord de ce verre.

— Sans rien ajouter à la pièce de dix centimes? demanda Félix.

— Certes non! ajouta Georges. Pour tenir un corps en équilibre, en le suspendant à un autre, tu sais fort bien qu'il faut que le centre de gravité soit sur la verticale passant sur le point d'appui et au-dessous de ce point.

Ton expérience de tout à l'heure le prouvait bien, car c'est pour abaisser le centre de gravité je suppose que tu as placé les fourchettes en forme de V renversé. Dès lors tu me permettras bien d'agir de la même façon pour ma pièce; je lui ajouterai moi aussi deux fourchettes que je ne

pourrai pas piquer, il est vrai, mais avec lesquelles je pourrai pincer ma pièce de dix centimes. Donne-la moi plutôt.

Et Georges plaça la pièce de manière à ce que
les deux branches extérieures fussent au-dessous
et les deux du milieu au-dessus; la pièce était
ainsi saisie assez fortement pour que la fourchette
fit corps avec elle; il procéda de la même manière
mais avec un peu plus de difficulté pour une
deuxième fourchette en ayant soin de ne pas la
placer dans la même direction que la première,
mais en faisant faire un angle aigu avec elle.

— Maintenant, dit-il à son frère, avance le
verre et place-le dans l'angle que forment les
deux fourchettes. Je pose la pièce et..... dit-il
après un instant d'hésitation, elle reste parfaitement horizontale comme tu le vois. Les fourchettes
rejetées de chaque côté du verre placent le centre
de gravité de tout l'ensemble mobile sur la verticale qui passe par le bord du verre : la pièce
peut dès lors rester en équilibre. Si les branches
de la fourchette étaient plus serrées nous pourrions
faire une variante de l'expérience: nous pourrions
maintenir la pièce verticalement; mais il faudrait alors pouvoir la pincer en la plaçant

entre les deux branches du milieu de chaque fourchette.

Cela dit, Monsieur Georges, sans même attendre les remerciements de maître Félix, se leva pour se retirer trouvant peut-être que le goût de l'enfant pour les expériences de physique amusante devenait contagieux.

— Tu t'en vas? lui dit Félix. Et la promesse donnée de m'expliquer l'assiette qui tourne sur une baguette?

— Oui, un de ces jours, lui dit Georges, je tiendrai ma promesse.

Mais maître Félix qui connaissait aussi bien les proverbes que la physique s'empressa d'ajouter :

— Non, Monsieur, chose promise, chose due. D'ailleurs si tu es resté si longtemps après dîner c'est que tu as tenu à me faire des expériences : il ne faut t'en prendre qu'à toi-même.

Et le grand frère dut bien se résigner aux exigences du petit.

Il faut avouer que les explications à donner pour l'assiette qui tourne, l'inquiétaient un peu; aussi, pour prendre du temps, il déclara qu'il allait commencer par expliquer la toupie.

— Voyons, dit-il à son frère, si tu poses une toupie sur sa pointe, reste-t-elle debout?

— Evidemment non, dit Félix.

— Est-elle cependant en équilibre?

— Mais non, puisqu'elle tombe.

A cette réponse Georges eut un mouvement de satisfaction ; lui qui venait de subir des *colles* au lycée était à son tour heureux d'avoir *collé* son jeune frère et de lui faire faire ainsi connaissance avec cette terrible ennemie des écoliers.

Aussi s'empressa-t-il de lui dire :

— Eh ! bien, non, monsieur le savant en herbe; si je place la toupie sur sa pointe elle est bien en équilibre, seulement l'équilibre est instable.

A ces mots maître Félix ne put s'empêcher de rire.

— C'est un jeu de mots sans doute que tu veux faire, dit-il à son frère.

— Du tout, répliqua Georges le plus sérieusement du monde. Je veux bien croire que ces deux mots au premier abord paraissent incompatibles et c'est pour ce motif que j'excuse ta réflexion qui frise l'impertinence.

La toupie, en effet, si elle est placée verticalement sur sa pointe a bien son poids neutralisé par la réaction du point d'appui. Par conséquent elle est bien en équilibre ; mais cet équilibre ne pourra durer qu'un petit instant, à peine perceptible parce que la moindre vibration, la moindre agitation d'air suffira pour détruire cet équilibre ; mais supposons que, par un moyen quelconque, nous obligions la toupie à se remettre dans sa position mathématique d'équilibre, toutes les fois que les causes extérieures dont j'ai parlé ont tendance à l'en faire sortir, l'équilibre devra persister et sera parfaitement visible. Parmi ces moyens, je puis citer un mouvement de rotation très rapide imprimé à la toupie autour de son axe. Lorsqu'un corps tourne très rapidement, il se développe à sa circonférence une force qu'on a nommée force *centrifuge* et qu'il vaudrait mieux appeler définitivement force *tangentielle*.

C'est cette force qui chasse la pierre de la fronde au moment où l'on abandonne un des deux liens que l'on tient à la main. C'est cette force également qui chasse l'eau de la salade que Jeanne secoue après l'avoir placée dans le panier en fils de fer que tu connais.

Par conséquent lorsque ta toupie tourne, il faut que tu te la représentes comme garnie d'une série de forces horizontales sur tout son pourtour.

Ces forces sont toutes égales et symétriquement placées par rapport à l'axe de la toupie. Dès que la toupie se penchera en rencontrant un obstacle ces forces la relèveront immédiatement pour la faire rentrer dans la verticale; la position d'équilibre est sans cesse réalisée; aussi la toupie se tient-elle verticalement tant qu'elle possède son mouvement de rotation.

— Je commence à me déclarer convaincu, dit Félix, mais cependant je ferai une objection.

— Laquelle? demanda Georges qui la pressentait.

— La toupie ne tourne pas toujours verticalement; quelquefois, elle parcourt une espèce de rond en se tenant toujours inclinée vers le bord extérieur de ce rond.

— Je ne dis pas le contraire; mais, si tu le veux bien, nous ne parlerons pas de ce cas.

Au surplus, je pourrais bien t'expliquer le nouveau phénomène qui intervient; mais cela nous entraînerait trop loin et j'ai hâte de t'expliquer l'équilibre de l'assiette sur la baguette de l'équilibriste.

— Eh! mais c'est inutile maintenant, dit Félix, si le mouvement de rotation tient en équilibre la toupie, il doit en faire autant pour l'assiette.

Georges ne put s'empêcher d'avoir un instant d'admiration pour la perspicacité de son frère; et, nous devons l'avouer, il était lui-même étonné du but atteint par sa petite leçon. Une fois de plus, il constata que très souvent le professeur s'instruit lui-même. Il se rappela avec plaisir le mot de sa tante Mlle Berny : « Le meilleur moyen d'apprendre est d'enseigner. »

CHAPITRE XVI

Un paysage magique.

Quelques jours après Mme Montbert reçut une lettre qui lui annonçait le retour de Mme Delville. Cette dame, comme on l'a déjà vu, était partie en voyage avec ses enfants et avait également emmené avec elle la petite sœur de maître Félix. Elle la ramenait, disait la lettre, heureuse, enchantée de ses excursions, mais aussi très désireuse de revoir après cette longue absence son espiègle et malin petit frère. La lettre se terminait par une gracieuse invitation de Mme Delville qui se plaignait des rares apparitions de Mme Montbert, et demandait que toute la famille vînt lui rendre visite.

Après la lecture de cette lettre, Mme Montbert

s'approcha de son jeune fils qui, près de la fenêtre, lisait silencieusement une histoire de voyages.

— Voudrais-tu venir chercher Louise à Nevers chez Mme Delville? lui dit-elle, certaine de la surprise qu'elle allait lui causer.

— Oh! oui, tout de suite, maman, tout de suite! s'écria Félix avec transport. Louise est arrivée? Depuis quand? Qu'est-ce qu'elle dit? Est-ce qu'elle est contente?

— Louise est arrivée hier matin; elle est très contente, répondit en souriant Mme Montbert; et pour calmer l'impatience de son jeune fils et mettre un terme à ses multiples questions, elle ajouta :

— Eh! bien, cours avertir ton frère que nous partons demain matin pour Nevers.

Félix ne se le fit pas répéter deux fois; et après avoir embrassé sa mère, il se mit à la recherche de Georges.

Après avoir vainement cherché dans le jardin, il l'aperçut assis près de la fenêtre de sa chambre et paraissant fort occupé à écrire. Maître Félix monta quatre à quatre l'escalier qui conduisait à la chambre de Georges et ouvrant précipitamment la porte, il entra comme un ouragan.

— Qu'est-ce que tu viens faire ici? s'écria
Georges visiblement contrarié.

— Je ne viens pas, répondit laconiquement
Félix qui regardait avec curiosité les objets posés
sur la table.

— Comment tu ne viens pas! Qu'est-ce que cela
signifie?

— Non, je ne viens pas: c'est maman qui
m'envoie pour te dire que..... Mais qu'est-ce que
tu fais avec tout ça? dit Felix en s'interrompant
soudain et en désignant plusieurs godets dans
lesquels se trouvaient des couleurs vertes et
bleues. Tu fabriques de l'encre maintenant?

Et sans attendre la réponse de Georges, il
s'empara d'un papier sur lequel étaient écrites en
lettres bleues diverses maximes dans le genre des
suivantes, et qu'il se mit à lire à haute voix :

« L'oisiveté ressemble à la rouille; elle use
beaucoup plus que le travail : la clef dont on se
sert est toujours nette. » (Franklin.)

« Peu de travail ennuie; beaucoup de travail
distrait. » (Victor Hugo.)

« Moins on fait, moins on voit ce qu'il y a à
faire. »

« Aimez qu'on vous conseille et non pas.....

Ici maître Félix s'arrête tout court et manifeste par ses exclamations le plus vif étonnement :

— Hein! qu'est-ce que cela veut dire? Je ne peux plus lire! l'encre s'en va! oh! mais c'est très drôle! regarde donc : ce que je viens de lire est parti! Pourquoi? Qu'est-ce qui fait cela?

— Tu es bien curieux! s'écrie Georges qui rit de son étonnement et s'amuse de le voir tourner et retourner la feuille magique sans parvenir à rien découvrir.

Félix a une mine désappointée des plus comiques et promène ses regards interrogateurs de Georges à la feuille de papier et de celle-ci à Georges. Ce dernier, après avoir soigneusement fermé la porte, revient en prenant un air mystérieux :

— Je vais tout t'expliquer, dit-il à Félix, à une condition....

— Laquelle?

— C'est que tu garderas le secret de ce que je vais te dire et de ce que j'ai l'intention de faire jusqu'à ce soir. Te sens-tu la force de retenir ta langue d'ici là, bavard?

— Comment donc, s'écrie Félix en se redressant, en douterais-tu par hasard?

— Peut-être, dit Georges malicieusement.

— A quatre pas d'ici, je te le fais savoir, s'écrie solennellement Félix paraphrasant le Cid et prenant une attitude belliqueuse.

— Allons! allons! soyons sérieux, dit Georges. J'ai ta promesse.

— Certainement oui. Maintenant explique-moi. J'écoute.

— Regarde plutôt.

Et Georges prenant la feuille de papier en question, l'exposa aux rayons du soleil. Au bout de quelques minutes les lettres bleues reparurent.

— Tu vois, dit Georges, aussitôt que je chauffe ce papier, l'encre devient visible; si je le porte à l'ombre, il se refroidit et l'encre disparaissant, la feuille redevient complètement blanche.

— Qu'est-ce que c'est que cette encre? Avec quoi est-elle faite?

— Cette encre est ce qu'on appelle de l'encre sympathique.

Quand on chauffe un papier sur lequel on a écrit avec de l'encre sympathique, cette encre jouit de la propriété d'être visible; au contraire, si on laisse refroidir le papier cette matière, en absorbant l'humidité de l'air, redevient incolore et les caractères tracés disparaissent par conséquent.

Pour arriver à écrire sans laisser de traces sur le papier, pour obtenir des lettres qui n'apparaissent que sous l'action de la chaleur ou de l'humidité, on emploie diverses substances : en général tous les sucs végétaux renfermant du mucilage, de la gomme ou de l'albumine, peuvent servir d'encre sympathique; tels sont le jus d'oignon, de citron, de cerise ou simplement le vinaigre ou le lait.

On obtient également des encres sympathiques avec des solutions métalliques. Ainsi on peut écrire avec le sulfate de fer; seulement pour faire apparaître ensuite les caractères invisibles, on est obligé de laver la feuille avec une solution de noix de galle ou plus simplement d'épluchures de châtaignes; le sulfate de fer se combine avec cette dernière substance; il noircit et forme une encre véritable. C'est par ce procédé qu'on restaure quelquefois de vieux manuscrits dont l'écriture a disparu.

Mais, toutes ces matières une fois soumises à la chaleur, ou bien à une réaction chimique comme le sulfate de fer restent visibles et ne jouissent pas de la propriété de disparaître avec la cause qui les a produites.

Il n'en est pas de même d'une substance que j'étais en train d'expérimenter quand tu es arrivé; elle promet de donner de très bons résultats; et, comme tu vois, elle peut apparaître et disparaître alternativement suivant qu'elle est chauffée ou qu'elle se refroidit.

Cette substance est ce qu'on appelle le chlorure de cobalt. Je l'ai dissous dans l'eau; ensuite....

— Où l'as-tu pris ce chlorure de cobalt?

— C'est bien simple : dans mon épingle de cravate.

— Dans ton épingle de cravate? Je ne comprends pas.

— Tu comprendras quand tu sauras que mon épingle possède un ton de vieil argent qui est dû à une couche de cobalt qu'on a déposée sur le cuivre au moyen de l'électricité.

— Ah! très bien.

— Je l'ai légèrement attaquée par un peu d'acide chlorhydrique, ce qui m'a donné du chlorure de cobalt.

— C'est vrai. Mais est-ce qu'il n'y a que ce sel

de cobalt qui puisse servir d'encre sympathique?

— Oh! non, il y en a une infinité d'autres, par exemple le sulfate, le nitrate, l'acétate de cobalt.

— L'acétate? Comment l'obtient-on?

— Quelle naïveté, s'écrie Georges, en attaquant le cobalt par de l'acide acétique, par du vinaigre, si tu aimes mieux !

— C'est parce que c'est plus simple que tu n'as pas fait cela sans doute, riposte maître Félix qui prend sa revanche.

Georges n'a pas l'air d'entendre et il continue :

— Je disais donc qu'ensuite j'avais écrit avec cette encre qui n'a laissé aucune trace sur le papier; tu le vois toi-même : il est impossible de voir qu'il y a quelque chose d'écrit sur une telle feuille.

— Ah! oui. C'est vraiment curieux; mais je ne vois pas de secret dans tout cela.

— C'est bien simple : Je voulais faire une surprise ce soir en dessinant un paysage magique sur une feuille de carton.

— Un paysage tout bleu? Ce sera assez pittoresque!

— Non pas! Je pourrais y joindre du vert, du jaune même.

— Avec quoi?

— Le jaune peut être obtenu avec le chlorure de cuivre; quant au vert il suffira que j'ajoute un sel de nickel au chlorure de cobalt.

— Ce sera très joli. Mais alors continua Félix avec un désappointement visible : moi, je n'aurai pas de surprise!

— Aussi pourquoi es-tu venu me déranger?

— Ce n'est pas de ma faute : maman m'avait envoyé te dire que nous partirons demain matin chercher Louise à Nevers.

— C'est vraiment fâcheux, dit Georges en se moquant de l'air contristé du pauvre Félix. Allons va-t'en maintenant, laisse-moi dessiner tranquillement ce paysage magique.

— Je vais rester voir comment tu vas faire, reprend Félix.

— Mais non.

— Mais si.

— Comme tu es ennuyeux! Veux-tu t'en aller : une fois!... deux fois!... trois fois!...

L'obstiné visiteur ne veut point se retirer.

Georges va perdre patience.

Mais Félix promet d'être bien sage, de ne toucher à rien, de ne pas mélanger les couleurs et

Georges se trouve ainsi désarmé; cependant il ne veut pas céder; à bout d'arguments il se décide enfin à dire à Félix :

— Eh! bien, si tu te retires je ferai ce soir une autre expérience que tu ne connais pas, que tu n'as jamais vue nulle part; seulement il faut que tu partes, sans cela je ne pourrais pas la préparer.

Cette fois Félix s'en va doucement vers la porte, mais à reculons et comme à regret et Georges est obligé de le mettre dehors en lui recommandant la discrétion la plus absolue.

CHAPITRE XVII.

De surprises en surprises.

Le soir au dîner, Félix dut faire des efforts inouïs pour ne pas divulguer le *secret*. Cent fois il fut sur le point de s'écrier : marraine, connaistu l'encre sympathique ? mais toujours il se reprit à temps grâce aux énergiques avertissements de Georges qui lui poussait le coude et lui faisait des yeux terribles. Ainsi condamné au silence par son grand frère, Félix se livra à une mimique des plus expressives faisant le geste d'écrire, de chauffer, de s'étonner et traçant du doigt dans l'air des points d'interrogation à n'en plus finir.

Quand on fut arrivé au dessert, son agitation devint plus fébrile encore. Tout ce manège entre les deux frères attira bientôt l'attention de madame Montbert et de sa sœur qui cherchèrent en

vain à en comprendre la signification. A la fin
du repas, Georges se retira sans dire un mot
à personne; il échangea seulement avec maître
Félix un regard d'intelligence.

Mlle Berny intriguée, et pressentant quelque nouvelle invention de Monsieur Georges, essaya de
faire parler notre bavard physicien; mais, celui-ci
fidèle à la promesse donnée, se renferma dans un
mutisme absolu qui piqua encore davantage la
curiosité de Mlle Berny.

Cependant Georges était revenu porteur du fa-
meux paysage magique; suivant son habitude il
se préparait à annoncer par une foule de péri-
phrases plus ou moins fastidieuses, où il voulait
en venir, quand Félix, qui bouillait d'impatience,
s'écria affectant de bâiller :

— Avocat, ah! passons au déluge!

Ce qui provoque une subite explosion de
gaieté.

— Enfin, dit Georges un peu confus, si tu ne
me laisses pas parler, jamais nous n'arriverons
au but.

— Est-ce moi qui te force à voyager en diligence
par hasard ?

— Trêve de plaisanterie, Monsieur, dit Georges,

qui cette fois se mit en devoir de terminer promptement.

— Je prétends donc, continua-t-il, faire apparaître à volonté sur cette feuille blanche, un paysage.

Cela dit, il chauffa légèrement le carton et on vit en effet se dessiner à sa surface le paysage annoncé.

Avant que Mlle Berny eût essayé de découvrir le secret, Félix s'écriait étourdiment :

— Marraine, tu ne devineras jamais que c'est avec de l'encre sympathique que Georges a dessiné cela.

— Satané bavard ! s'écria Georges décidément fâché, tu ne feras donc toujours que des sottises !

Félix allait riposter vertement quand Mlle Berny s'interposa et mit un terme à cette subite altercation.

— Voyons, dit-elle à Félix, puisque Georges t'a mis dans ses confidences, tu dois savoir pourquoi l'encre sympathique jouit de cette propriété curieuse d'apparaître et de disparaître alternativement suivant qu'elle est chauffée ou refroidie.

— Pourquoi ? Tiens ma foi ! je n'ai pas songé à le demander !

— Tu as eu tort, dit Mlle Berny. A quoi sert de connaître une chose sans en savoir le pourquoi? A embarrasser la mémoire tout simplement sans aucun profit pour l'intelligence qui ne doit pas se déclarer satisfaite d'une explication superficielle.

Et Mademoiselle Berny ajouta après un instant de silence :

— Le résultat obtenu avec les encres sympathiques tient à ce que différentes substances jouissent de la propriété de changer de couleur suivant qu'elles sont humides ou qu'elles sont *anhydres*, comme l'on dit en chimie, c'est-à-dire sèches, dépourvues d'eau.

C'est ce phénomène qui se produit avec le chlorure de cobalt par exemple : humide il est légèrement rose; lorsqu'on le chauffe, il perd l'eau dans laquelle on l'a dissout, il se concentre par conséquent et prend une couleur d'un bleu assez foncé. Au contraire si on le laisse refroidir, en absorbant l'humidité de l'air, il reprend sa couleur première, c'est-à-dire qu'il redevient rose; si l'on a employé peu de cobalt, ce rose est tellement pâle qu'il en est invisible; c'est pour cette raison que les caractères disparaissent générale-

ment au bout de quelques minutes quand on cesse
de chauffer.

On a fondé sur ce principe un ingénieux petit
appareil destiné à indiquer approximativement le
degré de sécheresse ou d'humidité de l'atmosphère. On donne souvent à ce petit appareil la
forme..... mais j'y pense, dit Mlle Berny en s'interrompant tout-à-coup, nous allons demain à
Nevers, il nous sera facile d'en voir à l'étalage
d'un opticien et puisque nous sommes sur le chapitre des surprises, je t'en promets une pour demain.

— Georges m'en doit une pour ce soir même,
dit Félix qui n'oubliait pas facilement ce qu'on
lui avait promis.

— Vraiment ! s'écria Georges, tu me trouve-
rais bien naïf de tenir ma promesse quand tu n'as
pas tenu la tienne ! Tu n'auras pas d'expérience.

Maître Félix implora l'aide de sa marraine et
tous deux vinrent facilement à bout de la résistance de Monsieur Georges qui eût été au fond
très ennuyé de pas faire son expérience.

Néanmoins, il crut que sa dignité lui faisait un
devoir de prendre un air maussade; aussi dit-il né-
gligemment :

— Eh ! bien, voici l'expérience : elle consiste à éteindre une bougie placée derrière une bouteille.

Et joignant l'action à la parole Georges éteignit en effet la bougie en se plaçant à quelques centimètres devant la bouteille et à la hauteur de la bougie.

— C'est tout ! s'écria Félix subitement désappointé. Elle n'est pas jolie ton expérience !

— Vraiment Monsieur le dégoûté, vous faites bien le difficile. Vous ne devineriez même pas l'explication de cette simple expérience.

— Oh ! par exemple ! tu fais trop le savant. En soufflant tu agites l'air ; cette agitation se communique à tout l'air qui entoure la bouteille et éteint la bougie. La bouteille en effet n'étant pas très large permet très bien à cette action de se produire.

— Tu n'y es pas, répondit Georges en souriant avec un petit air de pitié ; et je vais te démontrer la fausseté de ton raisonnement par quelques objections bien simples.

Et d'abord, au lieu de mettre la bougie derrière la bouteille, je la mets derrière le tuyau de poêle, d'un plus grand diamètre : en soufflant avec la même force, j'arrive au même résultat ; tu ne peux donc pas soutenir que ce soit l'agitation unique de l'air qui se transmette ainsi derrière le tuyau aussi bien que derrière la bouteille avec une force capable d'éteindre la bougie.

Voici encore une autre objection :

Si à la place de la bouteille j'emploie un autre corps de même épaisseur, un livre par exemple, je ne parviendrais pas, quelque effort que je fasse, à éteindre la bougie.

La véritable explication la voici :

En soufflant sur la bouteille qui est une surface polie je donne naissance à un courant qui bientôt se partage en deux autres courants; ces derniers suivent la direction que leur trace la surface courbe de la bouteille, l'un se dirige à droite et l'autre à gauche. Ils ont donc des directions contraires, et par conséquent se rencontreront en un certain point ; ce point est précisément l'endroit où se trouve la bougie.

En ce point les courants chasseront l'air ambiant pour prendre sa place ; il s'ensuivra une agitation telle, que la bougie s'éteindra alors.

Avant que Félix essayât de hasarder une objection, Mlle Berny s'adressant à Georges lui dit :

— Ce n'est pas ainsi que je donnerais l'explication de ce phénomène; il me semble plutôt y voir une application de la théorie des cyclônes, des tourbillons.

— Des cyclônes? s'écrièrent à la fois Georges et Félix, sur un même ton de curiosité.

— Certainement. D'après cette théorie en effet on constate que lorsqu'une masse d'air animée d'une grande vitesse vient de rencontrer une autre masse d'air en repos, il se produit un cyclône ou du moins un tourbillon.

Georges paraissait aussi étonné que Félix; aussi Mlle Berny jugea-t-elle à propos d'entrer dans quelques détails pour éclaircir ce qu'elle venait d'avancer.

Elle réfléchit quelques instants et dit:

— Prenons un exemple : au lieu de considérer l'air en mouvement supposons que l'eau d'un fleuve vienne rencontrer un obstacle fixe.....

— Une grosse pierre par exemple dit Félix.

— Oui, ou mieux encore, les piles d'un pont.

Devant ces maçonneries, l'eau est calme : elle ne s'écoule pas puisqu'elle rencontre une résistance qui neutralise sa force ; il faut dès lors admettre que les molécules qui la composent sont au repos, c'est-à-dire ont une vitesse nulle, égale à zéro. Tout-à-coup voici l'eau du fleuve animée de la même vitesse dans toute sa largeur, qui rencontre la pile du pont : de chaque côté de cette pile les tranches liquides s'écoulent sans obstacles; il n'en sera pas de même de celle du milieu; celle-ci rencontrant les molécules d'eau au repos leur communiquera une certaine vitesse; on comprend que cette vitesse diminue à mesure que l'eau s'avance vers le pont et qu'il arrive un point où elle doit être nulle. Dès lors les molécules qui ont été les premières mises en mouvement, qui ont la plus grande vitesse, se mettent à tourner autour de celles qui ont une vitesse moindre; il en résulte ce qu'on a appelé un tourbillon. Ces tourbillons, on les remarque facilement près des ponts.

Ce que j'ai dit pour l'eau s'applique également à l'air. Avec cette théorie il est facile de comprendre qu'il puisse y avoir dans un cyclône des points animés d'une très grande vitesse, tandis que d'autres au contraire, situés vers le centre, ont une vitesse presque nulle et forment par leur ensemble une région relativement calme où le vent cesse, où le soleil reparaît, mais où les flots sont toujours violemment secoués.

Georges avait écouté attentivement ; quand Mlle Berny eut fini de parler, il dit :

— En ce cas, il faudrait attribuer à un petit cyclône en miniature le phénomène qui se produit quand on éteint une bougie placée derrière une bouteille.

— Cette explication me paraît plus vraisemblable.

— Néanmoins, reprit Georges, après quelques minutes de réflexion, tu me permettras de défendre ma théorie, ou plutôt la théorie que j'ai vue exposée dans un ouvrage de physique, et de te soumettre une petite objection : Si cette théorie n'est pas exacte et si celle des cyclônes explique mieux le phénomène, il faut admettre que la présence des deux courants de sens contraire n'est pas nécessaire.

— En effet, dit Mlle Berny.

— S'il en est ainsi, continua Georges, en forçant l'air à ne passer que d'un seul côté de la bouteille, l'effet produit doit être le même.

— Si au lieu de raisonner sur une simple hypothèse, je raisonnais sur la réalité, je te répondrais : Certainement il doit en être ainsi. Mais puisque cette hypothèse n'est pas encore admise au rang des vérités scientifiques bien établies, je ne veux rien affirmer avant que l'expérience ne me donne raison. Ainsi donc, vois lequel des deux a tort.

Georges allait mettre cette idée à exécution, mais plus prompt, Félix l'avait déjà devancé. Il avait placé d'un côté de la bouteille un livre qui interceptait l'air et en soufflant d'un seul côté, il était parvenu à éteindre parfaitement la bougie ; aussi cria-t-il triomphalement ;

— C'est marraine qui a raison !

Tandis que Georges et Mlle Berny répétaient l'expérience, Félix était resté tout rêveur.

— Ainsi, marraine, dit-il bientôt, une théorie peut très bien n'être pas vraie, n'être qu'une hypothèse comme tu dis ?

— Certainement, répondit Mlle Berny.

— Mais alors, il ne doit pas toujours être facile de savoir si on raisonne juste.

— En effet, répliqua Mlle Berny, heureuse de voir l'esprit d'investigation de l'enfant, car on peut bâtir des raisonnements très justes sur une hypothèse fausse et tirer de ces raisonnements des conséquences et des conclusions qu'on est insensiblement porté à admettre comme vérités démon-

trées. Arrivés en ce point, on ne tarde pas à affirmer les choses avec la plus grande énergie. Il
est arrivé que, de cette façon, les erreurs les plus
grossières ont été propagées et acceptées d'autant
plus facilement qu'elles étaient soutenues par de
grands hommes. Il est vraiment regrettable de
voir quelle confiance on accorde parfois à des raisonnements hypothétiques ; mais cela n'arriverait
pas si l'on avait toujours la sagesse de ne pas
prendre l'hypothèse pour la réalité et de ne conclure que lorsque le point de départ serait rigou-
reusement vrai.

— Cependant, dit Georges, l'hypothèse est nécessaire ; elle permet non seulement d'expliquer
une foule de phénomènes restés sans explication
jusque-là ; mais elle permet encore d'en découvrir de nouveaux.

— Rien de plus juste, dit Mlle Bernay ; mais
quand une théorie n'est pas mathématiquement
démontrée, afin de se mettre en garde contre une
tendance trop commune, il faut toujours se dire :
Les choses se passent comme si mon hypothèse
était vraie.

— Oui, dit Georges, et se souvenir de ces
mots de Pascal :

« La vérité est si délicate que pour peu qu'on s'en retire, on tombe dans l'erreur ; mais cette erreur est si déliée que, pour peu qu'on s'en éloigne, on se trouve dans la vérité. La vérité est une pointe si subtile que nos instruments sont trop émoussés pour y toucher exactement. S'ils y arrivent, ils en écachent la pointe et appuient tout autour plus sur le faux que sur le vrai. »

CHAPITRE XVIII.

Les hygroscopes.

Il est neuf heures du matin, maître Félix au bras de son frère Georges arpente la principale rue de Nevers, la rue qui mène au Palais-de-Justice, ancien château ducal bâti vers 1475.

C'est non loin de là, en effet, que demeure Mme Delville.

Après le déjeuner Mme Montbert ayant manifesté le désir de rester à la maison, Mlle Berny accompagna seule les enfants à leur promenade. Aussi la retrouvons-nous vers cinq heures du soir rentrant par la grande rue de Nevers, après une excursion sur la rive gauche de la Loire. Arrivée à la devanture d'un opticien, Mlle Berny s'y arrête un instant, puis s'adressant à son jeune élève.

— Vois-tu cette fleur? sais-tu ce que c'est?

— Ah! oui, c'est une fleur au chlorure de cobalt, dit Félix.

— C'est cela même, et rappelant à l'enfant sa promesse, elle entra dans le magasin et fit l'acquisition de la fleur désignée. Elle s'informa du prix d'un capucin-hygromètre que maître Félix examinait depuis quelque temps. Dire la joie de l'enfant lorsqu'il entendit sa tante prier l'opticien de mettre le petit appareil dans le même paquet que la fleur, c'est ce à quoi nous renonçons.

A peine étaient-ils sortis que maître Félix remercia sa tante du cadeau qu'elle venait de lui faire.

— Mais ce thermomètre que tu as acheté en dernier lieu, lui dit-il pourquoi est-il placé devant un capucin?

— Ce n'est pas seulement un thermomètre, lui dit M\ːᵉ Berny; la figurine que tu as vue et qui représente un capucin est en réalité un véritable *hygromètre* ou pour mieux dire un *hygroscope* parce que cet appareil ne mesure pas la quantité d'humidité qui est dans l'air, mais permet seulement de la constater lorsqu'elle vient à varier

brusquement. Georges qui a fait du grec pourrait
te dire que *hygromètre* signifie appareil *mesurant
l'humidité,* tandis que *hygroscope* veut dire appareil qui *constate l'humidité.*

Tout à l'heure, quand nous serons rendus chez
Mme Delville je t'expliquerai le fonctionnement de
l'appareil. Il est inutile d'ajouter que maître Félix
devant cette promessse pressa le pas.

— Maman ! maman ! dit Félix en rentrant chez
Mme Delville, regarde tout ce que marraine vient
d'acheter : un hygroscope, un thermomètre, une
fleur au cobalt !....

Et sans attendre qu'on lui en donnât la permission, maître Félix se mit à défaire soigneusement
le paquet qui contenait les deux appareils.

Mme Delville ne put s'empêcher de manifester sa
surprise en voyant quelle était la nature des objets
qui avaient mis l'enfant dans une si grande joie.

— Voyons marraine, dit-il, je ne vois qu'un
fil placé derrière le capucin. Il doit y avoir aussi
autre chose.

— Non, reprit Mlle Berny, c'est bien tout. Tu
vois que le capuchon du personnage est retenu
par ce que tu appelles un fil ; à vrai dire, c'est
une cordelette de boyau de mouton ; cette corde-

lette, comme toutes les matières animales, jouit
de la curieuse propriété de s'allonger si le temps
est humide, de se raccourcir si l'atmosphère est
sèche. Tu vois en outre qu'elle est disposée de
telle sorte qu'elle fait incliner le capuchon en
avant; ceci se produit lorsqu'elle s'allonge, c'est-
à-dire lorque le temps est humide, si bien que
le capuchon recouvre la tête du moine; que le
temps vienne au sec au contraire, la cordelette se
raccourcit et la tête de la figurine se trouve ainsi
découverte, le capuchon étant ramené en arrière.

Si le baromètre t'indique, par une variation
brusque, un changement de temps, et si au même
moment le capucin se couvre, tu peux conclure à
la pluie d'une façon presque certaine. Si par contre,
le temps étant incertain, tu observes une hausse
barométrique continue, si en même temps le moine
se découvre, tu pourras conclure au beau temps.

Et maintenant, emballe soigneusement tes
deux objets pour qu'ils puissent arriver à bon
port. Puisque tu as un musée, tâche d'en être un
bon conservateur.

— Il est temps d'ailleurs, dit Georges, car nous
n'avons plus que 35 minutes pour dîner et prendre
le train pour Guérigny.

CHAPITRE XIX.

La tour Eiffel.

Depuis que maître Félix était en possession de son hygroscope, il ne cessait de demander à sa tante quel jour serait arrivé le baromètre enregistreur promis.

Aussi, ce soir-là, Mlle Berny pour faire prendre patience à son jeune élève décida-t-elle de lui parler de la tour Eiffel qu'elle avait citée comme nous l'avons vu à propos de la stabilité des corps.

Pour tout dire, elle n'était pas fâchée de parler de ce sujet d'actualité qui, comme tel, aurait intéressé Mme Montbert et l'aurait ainsi détournée pour quelques instants du moins de l'idée fixe qui la poursuivait : l'issue de son procès; le jour fatal approchait et la question n'avait pas beaucoup avancé.

— Voyons, dit-elle à Félix, que sais-tu tout d'abord de cette tour?

— Je sais, dit Félix, que c'est un grand monument tout en fer, qui sera une des plus grandes attractions de l'exposition de 1889, parce que c'est la première fois qu'une construction humaine se sera élevée aussi haut dans les airs.

— Et quelle est cette hauteur?

— C'est 300 mètres je crois, dit Félix.

— Très bien. Mais 300 mètres ne te donnent pas une idée bien nette des proportions gigantesques de ce monument; il serait peut-être préférable de le comparer à tous les autres existants.

Une maison d'habitation ordinaire de trois étages a, en moyenne, 12 mètres; les tours Notre-Dame ont environ 70 mètres de hauteur; le Panthéon 80 mètres; Saint-Pierre de Rome 130 mètres.

— Et la grande pyramide d'Egypte, dit Félix, elle est bien plus haute encore!

— Pas beaucoup plus, dit Mlle Berny; elle a en effet 146 mètres. Ce qui étonne le plus dans les pyramides ce n'est pas tant leur hauteur que les blocs gigantesques de pierre qui les composent. Ajoutons à cela que leur construction a eu lieu à une époque très reculée et que les hommes qui les ont construites ne possédaient aucun des engins puissants que la mécanique moderne a découverts.

Si nous en croyons certaines personnes autorisées, la tour Eiffel sera une merveille en ce sens que ses énormes dimensions seront réalisées avec un poids de matériaux relativement faible ; ce ne sera plus une masse imposante comme la grande pyramide, ayant pour but de démontrer la force matérielle de l'homme, mais un ensemble de constructions élégantes, légères, en même temps que robustes, témoignant à la fois de la puissance des moyens mécaniques modernes et de la science de l'ingénieur qui, aujourd'hui, sait joindre la légèreté à la solidité.

La hauteur totale de ce monument gigantesque sera de 300 mètres, c'est-à-dire plus de deux fois la hauteur de la grande pyramide ; son poids total est de 7 millions de kilogrammes en nombre rond, poids qui n'est pas énorme, comme tu vois, puisque aujourd'hui on construit des navires de sept et dix mille tonneaux et, le tonneau vaut ?....

— Mille kilogrammes, s'empressa de répondre Félix.

— Je crois t'avoir déjà dit qu'elle est la forme générale que doit posséder cette tour ?

— Oui, marraine, tu m'as dit quelle était très large en bas.

— Effectivement, les piliers qui la portent seront placés aux quatre sommets d'un carré ayant 100 mètres de côté. A la partie supérieure au contraire, la tour se terminera presque en pointe; les côtés de la tour ne sont même pas droits ils creusent légèrement et tu sais pourquoi?

— Oui, c'est pour pouvoir abaisser le centre de gravité encore plus que dans un cône; mais, pourquoi tant de précautions, dis, marraine? Personne sûrement ne pourra essayer de renverser cette tour; par conséquent elle n'a pas besoin de présenter autant de stabilité qu'un objet qui est susceptible de subir des chocs.

— Non certes, dit Georges qui écoutait avec intérêt, mais il faut bien qu'un monument présente toutes garanties.

— Vraiment! dit Mlle Berny, si vous cherchiez bien tous les deux, vous trouveriez qu'il y a bien quelqu'un qui se chargerait de renverser la tour, si on n'y prenait garde et ce quelqu'un c'est le vent qui est beaucoup plus puissant que vous ne le pensez : Si une brise légère donne une pression de un demi-kilogramme par mètre carré, un bon vent pour la marche d'un navire donne une pression de 10 kilogrammes et par les plus fortes tempêtes qu'on ait observées à Paris cette pression a été jusqu'à 150 kilogrammes.

— Oui, dit Georges, mais comment se fait-il que les maisons de Paris qui résistent à ces ouragans ont cependant des murs verticaux. On aurait peut-être bien pu en faire autant pour la tour Eiffel

— Comment? Georges, c'est toi qui as fait de la mécanique pour ton baccalauréat qui te permets de dire cela?

Tu sais ce qu'on appelle un bras de levier. Quand une force est appliquée à l'extrémité d'une grande barre, elle produit bien plus d'effet que si elle agissait à l'extrémité d'un petit levier.

— Ah! c'est juste, ma tante, répondit Georges, je n'y avais pas pensé; il est évident que le vent agissant sur toute la tour peut être remplacé par une force unique appliquée sensiblement à demi-hauteur; on a donc un levier de 150 mètres, levier qui pourra exercer une force immense au pied de la tour pour l'arracher.

— Tu ne comprends pas trop, Félix? dit Mlle Berny.

— Non, pas trop, dit l'enfant.

— Eh! bien, écoute: je t'ai vu bien souvent secouer un arbre après une pluie pour jouer une farce à ton frère Georges en l'arrosant de toutes les gouttes que les feuilles de l'arbre secoué abandonnent.

Maître Félix ne put s'empêcher de rire au rappel d'une de ses farces favorites.

— Eh! bien, où poussais-tu l'arbre pour le secouer, est-ce au ras de terre?

— Oh! mais non, le plus haut possible, dit l'enfant à qui le désir d'être farceur avait, sans qu'il s'en doutât, suggéré des instincts de mécanique.

— Et tu as raison, continua Mlle Berny, parce que plus tu pousses l'arbre à un point élevé et plus tu donnes de levier à ta force et plus facilement tu triomphes de sa résistance; le vent agissant sur la tour Eiffel à une hauteur plus grande que sur les maisons aurait donc plus beau jeu pour la renverser. A côté de cette raison capitale, il en existe d'autres qui justifient la forme amincie de la tour Eiffel; mais ce serait rentrer dans de trop grands détails que de les exposer.

— Mais, marraine, dit Félix qui croyait que Mlle Berny en avait fini avec la tour Eiffel, tu ne m'as pas encore dit à quoi elle doit servir.

— Il ne faut d'abord pas perdre de vue que

cette majestueuse entreprise aura pour but principal de former une grande attraction pour l'exposition. Au point de vue scientifique, elle rendra en outre de très grands services : elle pourra permettre de répéter l'expérience faite par Foucault au Panthéon avec un pendule, expérience qui démontre la rotation de la terre.

Georges pourra t'expliquer à un autre moment cette expérience ; la tour Eiffel permettra encore de mesurer exactement la déviation de la verticale d'un corps qui tombe, déviation due à la rotation de la terre. La vitesse des corps qui tombent pourra être mesurée de nouveau ; la science de la prévision du temps, que tu voudrais si bien posséder, n'aura qu'à y gagner, car c'est la première fois qu'on aura une station météorologique sur un point bien à découvert à 300 mètres de hauteur ; la vitesse du vent aux diverses hauteurs fera probablement l'objet de toute une série d'expériences.

— Et au point de vue électrique ? dit Georges qui, on le sait, aimait bien cette partie de la physique puisqu'il faisait des achats d'appareils électriques toutes les fois que l'occasion s'en présentait.

— Ah! c'est vrai, dit Félix, la foudre pourrait bien frapper un point si élevé puisqu'on dit que la foudre tombe toujours sur les points culminants.

— Elle la frappera sûrement, dit Mlle Berny, et c'est même là un des points qui intéressera le plus les physiciens. Déjà une commission nommée par le gouvernement s'est occupée de l'installation des paratonnerres sur ce monument.

En plusieurs endroits et sur toute la hauteur, des pointes aiguës seront disposées qui permettront au fluide du sol de s'échapper pour aller se combiner avec le fluide de l'air; l'important sera de veiller à ce que toute la masse métallique de la tour soit en parfaite communication avec le sol. A cet effet des tuyaux de 125 mètres descendront jusqu'aux couches humides du sol dans des puits maçonnés qui permettront de vérifier à chaque instant le bon état des conducteurs souterrains.

Je sais des électriciens qui pensent que l'électricité atmosphérique pourra être fort bien étudiée et nous révèlera peut-être ses mystères, grâce à la tour Eiffel.

— Ah! dit Félix en forme de conclusion, que je voudrais déjà voir un pareil monument! Qu'il

doit falloir de travail pour combiner un ensemble
aussi compliqué!

— Certes, dit Mlle Berny, ce grand projet fait
le plus grand éloge à son auteur M. Eiffel et à
ses collaborateurs MM. Nouguier et Kœchlin, les
savants ingénieurs qui en ont calculé toutes les
dimensions, ainsi qu'à M. Sauvestre, architecte,
qui a trouvé le moyen de faire de cet ensemble
métallique un monument qui flatte la vue et ne
froisse en rien les règles de l'architecture.

Mais ce n'est pas tout, mes enfants, ajouta-t-elle,
si nous avons rendu justice à la tête qui conçoit,
aux ingénieurs qui ont fait les plans, il faudra
penser également, lorsque la tour Eiffel sera construite à la main qui exécute, aux ouvriers qui
auront participé à la construction de ce monument.

Dès à présent, on peut penser aux dispositions
que l'on sera obligé de prendre pour monter et
assembler des pièces de charpente aussi lourdes,
et qu'il faudra mathématiquement placer chacune
à leur place pour que tout l'ensemble réponde au
plan que l'on a fait.

Les ouvriers étrangers, qui verront cette tour,
rendront, sans nul doute, hommage aux ouvriers

français qui auront ainsi contribué à la renommée de leur pays, de la France notre chère patrie.

— Et moi, dit Félix, je voudrais être l'ouvrier qui posera la dernière pièce : la hampe du drapeau qui doit couronner l'édifice !

— Bravo ! dit Georges qui avait compris l'enthousiasme de l'enfant, et tu aurais raison ; car, jamais drapeau français n'aura été planté plus haut sur une œuvre plus grandiose.

CHAPITRE XX.

Le baromètre enregistreur.

Il est huit heures du matin. Mlle Berny n'a pas encore fini de donner les derniers soins à sa toilette, que Félix vient lui annoncer que le baromètre est arrivé.

— Eh! bien, porte l'appareil dans la salle à manger, dit-elle, et examine-le bien avec ton frère Georges. Dans cinq minutes, je te donnerai toutes les explications que tu voudras.

En attendant, Georges commença par expliquer à l'enfant qui avait manifesté sa surprise de ne pas voir de tube rempli de mercure, ce qu'il faut entendre par baromètre *anéroïde*.

— C'est Vidie de Nantes, dit-il, qui est l'inventeur des baromètres qu'on a nommés depuis anéroïdes, parce qu'ils se composent généralement de petites boîtes plates en laiton élastique, dans lesquelles on a fait le vide ; le mot anéroïde, en effet, considéré dans son étymologie, ne veut pas dire autre chose que : *privé de liquide*.

Tu vois, ajouta-t-il, ces boîtes métalliques plates, disposées les unes au-dessus des autres
presque au milieu et légèrement à droite de la
caisse qui renferme tout l'appareil. Comme il n'y
a pas d'air dans leur intérieur, elles supportent,
sur chacune de leur face, la pression atmosphérique tout entière.

— Comment, dit Félix, elles supportent une
pression de 1 kilogramme par centimètre carré?

— Absolument, et je constate avec plaisir que
tu fais honneur à tes professeurs.

— Mais comment se fait-il alors qu'elles ne s'é-
crasent pas ?

— Parce que le laiton qui les forme est suf-
fisamment résistant sans l'être trop cependant,
de telle sorte que si la pression atmosphérique
vient à varier, le poids que chaque boîte sup-
porte vient en réalité à changer, et elles se dé-
formeront en conséquence. Ces déformations affectant la hauteur de la boîte sont à vrai dire très
faibles; c'est pour ce motif que l'on a disposé
plusieurs boîtes métalliques les unes au-dessus
des autres, de telle sorte que l'appareil peut avoir
telle sensibilité que l'on voudra. On a au surplus
augmenté cette sensibilité en faisant usage d'une

série de leviers qui amplifient le mouvement ; le
dernier de ces leviers est cette grande aiguille
que tu vois tout près de la glace.

— Cette aiguille, dit Félix, après avoir exa-
miné l'appareil, qui porte cette espèce de pinceau
noir ?

— Précisément, dit Georges, avec cette légère
différence cependant que ce que tu appelles un
pinceau n'est autre chose qu'une plume, ou pour
mieux dire deux becs de plume très fins remplis
d'une encre obtenue en délayant du noir de fumée
dans de la glycérine. La glycérine ne s'évaporant
pas, la plume peut écrire des mois entiers.

Et maintenant examine bien : je vais pousser
vers la gauche cette petite tige qui dépasse la
caisse et la pointe de la plume va venir s'appliquer
contre l'espèce de tambour qui se trouve à gauche
de la caisse. Tu vois que la plume s'arrête à la
hauteur du chiffre 77. Cela nous apprend que la
pression atmosphérique est aujourd'hui très près
de 77. Si nous voulons connaître le nombre de
millimètres, nous n'avons qu'à regarder avec
soin les petits traits du papier quadrillé
qui recouvre le tambour. Tu vois que la pointe
s'arrête au deuxième trait avant 77 ; la pression

est donc de 768 millimètres et maintenant que
nous avons bien vu et regardé : écoutes. N'entends-tu rien ?

— Oui, dit Félix, on entend comme un tic tac
de pendule.

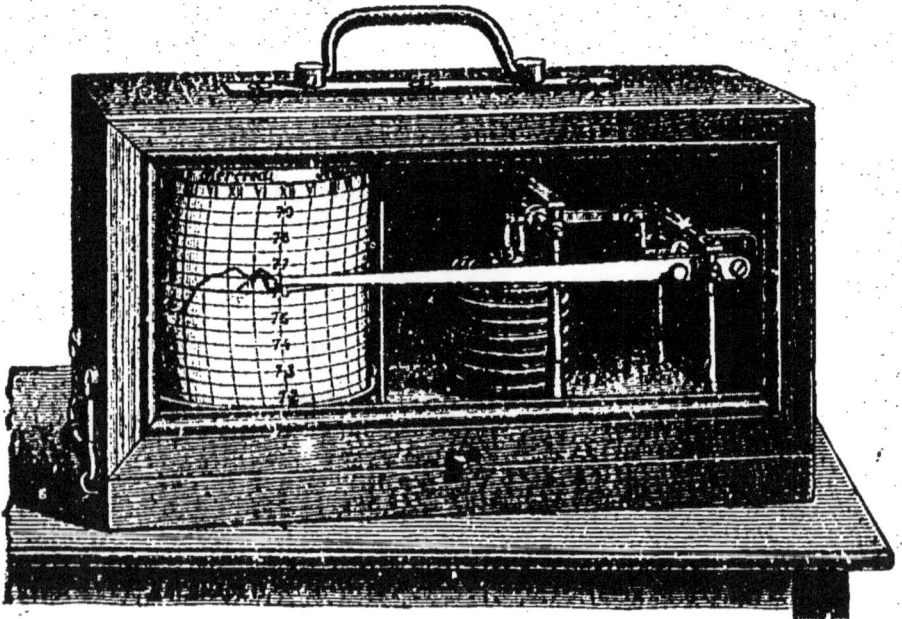

— Tu as raison, c'est une petite horloge qui
est cachée dans ce tambour. Cette horloge, quoique marchant aussi vite que les horloges ordinaires, ne fait cependant exécuter un tour complet au tambour que dans huit jours, grâce à une
série d'engrenages qui retardent le mouvement de
plus en plus et qui constituent ce que l'on appelle
un système *planétaire*.

Tu vois d'ailleurs qu'avec cet appareil on peut lire l'heure : les traits légèrement courbes, disposés suivant la hauteur du tambour, portent successivement à leur extrémité les indications XII et VI ce qui veut dire midi, six heures du soir, minuit et six heures du matin. Les autres traits intermédiaires indiquent les autres heures. Tu vois que de minuit à minuit se trouvent des accolades qui portent les noms des divers jours de la semaine. Quand on doit se servir de l'appareil, il faut donc commencer par le mettre à l'heure.

— Et c'est ce que nous allons commencer par faire, dit Mlle Berny qui rentrait à l'instant même.

Puis ouvrant la boîte qui portait une charnière suivant un de ses petits côtés, elle put prendre le petit tambour à la main et le faisant tourner lentement, elle l'arrêta à peu près à demi-distance entre les deux traits verticaux *huit* et *dix* placés avant midi sous l'accolade portant l'indication mercredi.

— Tu vois qu'une personne qui arriverait maintenant pourrait deviner qu'il est en ce moment mercredi 9 heures du matin, et, en même temps, elle verrait que la pression est de 768 millimètres. Donc, à chaque instant, cet appareil inscrit la valeur de la pression atmosphérique, puisque le tambour se déplace sous la plume.

— Je comprends, dit Félix, ce n'est pas la main qui se déplace, c'est la feuille de papier elle-même.

— C'est absolument comme tu le dis, reprit Mlle Berny.

— Et l'inventeur de cet appareil..... dit Félix.

— C'est Vidie, répondit Georges; je te l'ai déjà dit.

— Oui, dit Mlle Berny, pour ce qui concerne la partie barométrique proprement dite, mais la partie qui enregistre la pression atmosphérique est due à MM. Richard frères de Paris, qui ont d'ailleurs appliqué le même principe à une foule d'autres instruments tels que thermomètres, hygromètres, et autres appareils destinés à mesurer la quantité d'eau qui tombe, la vitesse du vent et sa direction.

— Et tu dis, marraine, que nous pourrons mieux deviner le temps qu'il va faire.

— Oh! certainement, dit Mlle Berny.

En attendant, résumons tout ce que nous avons

dit sur le baromètre. Voyons si tu as bonne mémoire maître Félix, ajouta Mlle Berny.

Après quelques instants d'hésitation l'enfant commença :

— Le baromètre est un appareil qui donne la valeur de la pression atmosphérique et pas autre chose, si on ne l'observe qu'un instant à un moment donné sans consulter d'autres appareils.

— C'est bien cela, dit Mlle Berny; mais alors pouquoi le voit-on en si grande faveur auprès des météorologistes et de tous ceux qui ont intérêt à connaître le temps du lendemain ?

— C'est parce que, dit l'enfant, quand la pression atmosphérique varie, on peut prévoir une rupture d'équilibre dans l'air atmosphérique et par suite conclure à un changement de temps.

— Mais c'est encore ce qu'il faudrait expliquer, dit Mlle Berny.

Lorsqu'un courant d'air animé d'une grande vitesse vient rencontrer une zône d'atmosphère calme, il doit également se former des tourbillons ou des cyclônes ; les couches d'air qui limitent notre atmosphère doivent donc en quelque sorte se creuser au centre du cyclône comme l'eau au centre du tourbillon. Au point de la terre où se trouve le centre du cyclône, il y a donc une couche atmosphérique plus faible et par suite le baromètre accusera une pression très basse en cet endroit. C'est pour cela qu'on lit dans les journaux qui publient les bulletins météorologiques : le centre de *dépression* est en tel endroit. Dans les régions environnantes au contraire, la pression sera plus élevée; en un mot, la hauteur du baromètre peut, jusqu'à un certain point, donner une idée de l'épaisseur de la couche d'air qui est au-dessus de nos têtes, à la condition toutefois qu'on tienne compte de l'altitude à laquelle on se trouve, c'est-à-dire qu'on ajoute à la pression indiquée, la pression qu'accuserait en plus le baromètre s'il était au niveau de la mer.

Les troubles de l'atmosphère doivent rendre sa surface extérieure accidentée de la même manière que les vents produisent des vagues sur l'eau; les différents points de la terre doivent donc posséder des pressions barométriques très différentes lorsque l'air est fortement agité dans toute une région; c'est pour ce motif, qu'à la même heure, les diverses stations météorologiques de France, annoncent, par le télégraphe à Paris, la pression qu'elles observent. De telle sorte qu'à vrai dire

les grands troubles atmosphériques ne peuvent
être prédits que si on a connaissance de toutes ces
indications. Aussi tous les jours fait-on connaître
ces indications aux différents ports de mer.

Pour un même lieu, on peut cependant dire en
thèse générale qu'à une hausse correspond habi-
tuellement une période de beau temps et à une
baisse une période de mauvais temps. Cela est
vrai surtout pour nos pays, grâce à la position
particulière de l'Europe à l'extrémité de l'ancien
continent.

Les vents soufflant du sud-ouest sont les plus
chauds et par conséquent les plus légers, aussi
pèsent-ils moins sur le baromètre. Dès lors, la
pression atmosphérique accusée par ce dernier est
plus faible; mais, ces vents qui viennent du sud
se sont enrichis d'humidité à la surface de l'Océan
et il y a toute probabilité pour que cette humidité
se change en pluie dans nos régions plus froides.

Les vents du nord et de l'est sont froids, par
conséquent lourds, secs; ils pèsent plus sur le
baromètre et nous annoncent une probabilité de
beau temps. Pour que ces conclusions soient plus
certaines, il faudra examiner la direction des
vents.

— Et l'hygromètre que tu as acheté, marraine, ne peut-on pas le consulter lui aussi ?

— Tu as raison, dit Mlle Berny, si une hausse barométrique très-forte était remarquée sans que les vents soient au sud-ouest, et si en même temps l'hygromètre accusait beaucoup d'humidité, le baromètre aurait beau monter, il faudrait conclure à la pluie. Dans ce cas très fréquent au bord de la mer où la cause de l'humidité est locale, à l'air qui entoure le baromètre vient s'ajouter de la vapeur d'eau, et cet air, quoique d'une densité plus faible que s'il était sec, donne un poids plus lourd sur le baromètre.

A ce moment Mme Montbert entra et ne put s'empêcher de remercier sa sœur en voyant sur la table l'appareil dont elle avait voulu se priver pour lui faire plaisir ainsi qu'à son jeune fils.

— Nous avons déjà dit, reprit Mlle Berny, qu'un calme complet dans l'atmosphère est accusé par une pression atmosphérique constante. Dès lors la petite plume que tu vois restera toujours à la même hauteur : le trait qu'elle trace sur le cylindre sera lui-même à la même hauteur ; ce sera donc une ligne droite bien horizontale.

Si maintenant la pression monte, le trait tracé montera lui-même et ainsi de suite; la courbe, par ses sinuosités, t'indiquera les variations de toutes les heures de la pression atmosphérique. Le matin tu te lèves, ta mère te demande le temps qu'il fera et tu cours à ton baromètre regarder quelle était la courbe de la nuit. Si elle est horizontale, tu conclus au temps du moment, si la courbe monte, tu consultes ton hygroscope et si les vents soufflent à l'est ou au nord en même temps que l'hygromètre marque sécheresse ou une diminution d'humidité tu conclus à un parfait beau temps; si les vents ont tout autre direction et si l'hygromètre est à l'humidité, tu regardes encore la courbe, et si elle est tout-à-fait montante, tu conclus à la pluie. Les indications contraires sont faciles à tirer d'après ce que je viens de te dire.

Et maintenant, veux-tu prévoir une grande tempête ? Tu n'as qu'à regarder si la courbe de la nuit est très accidentée, présente une série de pointes hautes et basses; tu observes la marche des nuages; leur vitesse sera grande, quelquefois en sens contraire du vent; ce dernier ne soufflera pas dans une direction constante. Tous ces symptômes accuseront un grand trouble atmosphérique et tu pourras annoncer une grande tempête. La tempête sera accompagnée de pluie ou d'orage, si en même temps ton hygroscope passe à l'humidité.

Et puis, je cesserai de te donner d'autres règles qui seraient superflues. Je me bornerai à t'engager fortement à observer cet appareil avec attention, à prendre la bonne habitude d'écrire toi-même ton petit bulletin météorologique tous les matins ; et, quand tu te seras trompé souvent, tu constateras avec plaisir un beau jour que tu arrives à obtenir assez d'exactitude ; et, ce jour-là tu pourras te rappeler un adage populaire qui dit que « les enfants apprennent à marcher en tombant. »

CHAPITRE XXI.

La meilleure découverte de maître Félix.

Ce jour-là Mme Montbert se trouve à Nevers avec maître Félix.

Rendez-vous, en effet, a été pris par Mme Montbert avec son avoué M. Ordreau, pour avoir une dernière conférence relative au terrible procès, et, la mère inquiète, avait décidé, depuis la veille, d'amener avec elle son fils, dont la curiosité insatiable la détournait sans cesse de ces tristes pensées, tant il est vrai que la science est encore la distraction la plus puissante pour arracher l'homme à ses soucis.

Mais, nous voici arrivés dans le cabinet de M. Ordreau. C'est une grande pièce carrée recevant le jour de deux fenêtres exposées en plein midi; entre les deux fenêtres, un bureau encombré de paperasses; derrière ce bureau, tournant le dos au jour, est assis maître Ordreau. C'est un homme qui paraît jeune encore malgré l'air grave et sérieux qu'il essaye de se donner. Devenu brusquement le successeur de M. Dubichon, dont rien ne faisait prévoir la mort, il est occupé depuis deux mois à examiner les dossiers de son étude, et, à vrai dire, ce n'est pas chose facile lorsqu'on a à prendre la suite d'un maniaque qui, voulant pousser la discrétion jusqu'à ses plus extrêmes limites, se servait de véritables hiéroglyphes pour cacher et désigner les pièces les plus importantes. Chez M. Dubichon plus de ces cartons méthodiquement rangés qu'on remarque dans toutes les études de notaire, mais par contre, à côté de liasses de papiers poussiéreux soigneusement ficelées et posées sur des étagères, se trouve un grand meuble à une foule de tiroirs, bien plus digne de figurer dans un grand magasin de détail ; dans ces tiroirs sont disposés une série de dossiers renfermés dans des cartons chemises, mais sans aucun titre ; de temps en temps quelques signes communs et une date et, si un indiscret voulait par hasard s'amuser à parcourir ces dossiers aucun nom propre, aucun en-tête ne viendrait exciter la malsaine curiosité.

Lorsque Mme Montbert fut introduite avec son jeune fils dans l'ex-sanctuaire de maître Dubichon, M. Orbreau qui l'attendait, était précisément en train d'examiner différents dossiers, toujours sans titre, mais dont les dates se rapprochaient à peu près, de celle qui était relative à la pièce cherchée. A la vue de Mᵐᵉ Montbert, notre jeune notaire la pria de s'asseoir à sa droite, puis prenant le dossier de son affaire, il déposa une bonne partie des paperasses qui étaient sur son bureau, sur une chaise située près de la fenêtre à sa gauche.

Juste, à ce moment, Félix allait s'asseoir sur cette chaise, peut-être un peu pour regarder par la fenêtre ; M. Ordreau devinant l'intention de l'enfant, l'invita à s'asseoir sur une autre chaise, à côté de la première.

Pendant que Mᵐᵉ Montbert discutait avec son notaire les différents points du procès, Félix faisait l'inspection de tout ce qui se trouvait autour de lui ; de temps en temps de toutes ces paperasses barbouillées d'encre il portait ses regards sur la figure du jeune notaire comme pour se demander si un seul homme pouvait savoir ce qui était écrit en tant de choses ; puis, entendant dire par M. Ordreau qu'il venait de chercher une dernière fois la pièce que demandait avec tant d'insistance Mᵐᵉ Montbert et que cette pièce n'aurait pu se trou-

ver que dans les papiers qui se trouvaient sur la
chaise, Félix s'approcha doucement de la chaise
désignée et, dans sa naïveté, chercha s'il ne verrait pas le nom de M. Montbert, mais pendant
qu'il observait attentivement le dos d'une belle
feuille de papier blanc formant chemise à un assez volumineux paquet, il crut voir sur le plat de
cette feuille, en partie exposée au soleil, une
légère teinte bleue.

Un premier cri de surprise retenu, il poussa
sournoisement la feuille de manière à l'exposer
en plein soleil et qu'est-ce qu'il vit alors le nom
de : « Georges Simon. Nevers. »

— Monsieur, dit-il, le plus sérieusement du
monde à maître Ordréau, vous vous servez d'encre
sympathique !

Cette brusque interruption ne fut pas sans étonner profondément le jeune notaire qui hésita quelques instants avant de répondre ; mais notre jeune
physicien prenant le papier mystérieux.

— Voyez, Monsieur, dit-il, sur les pages blanches il y a quelque chose d'écrit. Ce n'est pas
étonnant si vous ne pouvez rien voir en tournant
le dos au soleil.

Puis s'adressant à sa mère :

— Il faut dire à Monsieur qu'il chauffe tous ces papiers s'il veut pouvoir lire les titres.

Lorsque Mme Montbert, non moins étonné que M. Ordreau, eut expliqué à ce dernier que peut-être feu Dubichon employait des encres secrètes, alors seulement le notaire comprit ce que l'enfant voulait dire.

Heureux d'avoir appris un pareil secret, il s'empressa de remercier le jeune garçon et aussitôt tous les trois profitant de ce beau soleil, si bien prévu par Félix, étalèrent les différents dossiers près des fenêtres pour mettre en évidence les titres ; mais il était dit que ce jour-là tous les succès étaient réservés à notre jeune physicien ; ce fut lui, en effet, qui le premier vit apparaître le nom de Monsieur Montbert ; saisissant immédiatement la pièce, il la présenta à sa mère et, comme obéissant à une inspiration soudaine :

— Tiens, maman, dit-il, c'est sûrement là ce que tu désires.

D'une main fiévreuse, Mme Montbert défit la ficelle fermant le paquet et rencontra à la deuxième feuille une lettre adressée à M. Montbert par ses anciens employés, dans laquelle étaient établis tous les droits qu'en ce moment même ils contestaient.

Après avoir pris connaissance de cette lettre, M. Ordreau déclara à Mme Montbert qu'il n'y avait plus de procès possible.

— Vous pouvez remercier votre fils, continua-t-il, car avec une lettre pareille, je ne pense pas que l'avoué de la partie adverse persiste à poursuivre.

Puis, s'adressant à Félix :

— Mais comment avez-vous donc pu, mon jeune ami, découvrir cela ?

— Mais je n'ai rien découvert, répliqua modestement Félix, je n'ai fait que regarder.

— Et ce que tu ne dis pas, ajouta Mme Montbert, c'est que tu sais bien regarder et encore mieux observer.

— Oui, dit maître Félix, car *l'observation*, comme dit marraine, *tout est là*.

Très émue, Mme Montbert embrassa son fils qui d'ailleurs répondit par une étreinte aussi forte que la joie qu'il éprouvait de s'être rendu utile à sa mère.

Pendant ce temps, la réflexion était probablement venue au notaire qui, à son tour, comprit aussi toute la valeur, toute l'importance de la découverte ou de l'observation, comme on voudra, faite par l'enfant.

— Moi aussi, dit-il à Félix, je vous remercie du plus profond du cœur, car maintenant je ne serai pas longtemps à rétablir les titres sur tous ces énigmatiques dossiers.

Lorsque Mme Montbert se retira, le dernier mot du notaire fut encore un remerciement pour l'enfant ; mais, en ce moment, Félix confus de tant de succès donna suite à une idée qui lui était venue depuis quelque temps et qui commençait déjà à donner naissance à un remords dans son esprit.

— Monsieur, dit-il, ce n'est pas moi qu'il faut remercier, c'est ma tante Mlle Berny qui m'a appris à si bien observer.

Et ces mots furent dits avec une gravité dont le contraste si frappant avec l'âge de l'enfant fit venir des larmes de joie aux yeux de Mme Montbert.

— Maintenant, dit Mme Montbert, dès qu'elle fut seule avec son fils, je te permets de commencer ton laboratoire de physique ; mène-moi de ce pas chez l'opticien où tu as été avec ta tante et choisis ce que tu veux.

— Non, ma mère, dit l'enfant ; il faut courir bien vite annoncer cette bonne nouvelle à marraine ; ta joie et la sienne seront ma plus belle récompense. Et puis, vois-tu, maintenant, je ne veux plus acheter un laboratoire de physique, je veux le construire; je ne veux même plus le construire, dit l'enfant excité par ses propres paroles, je veux, avec les appareils les plus usuels, pouvoir faire toutes les expériences de physique.

Le train qui les ramena à Guérigny eut beau filer à toute vapeur, il n'en fut pas moins accusé d'extrême paresse par maître Félix pressé d'arriver chez sa tante.

Décrire la joie de Mme Montbert en annonçant cette bonne nouvelle à sa sœur, c'est ce que nous nous renonçons à faire. On se rappelle, en effet, que c'était l'avenir de ses enfants qui était compromis, et Mme Montbert ne put s'empêcher de remercier avec effusion sa sœur, qui trouvait ainsi une juste récompense de tous les efforts qu'elle avait faits pour instruire son neveu.

Georges, à son tour, remercia Mlle Berny, puis s'adressant à son jeune frère :

— J'excuse maintenant, dit-il, toutes tes élucubrations physiques; je te permets de toucher à tous mes appareils et même de les démonter pour en faire d'autres, si cela te fait plaisir.

La petite Louise qui, dans un coin, sans bien saisir, comprenait toutefois, avec cet instinct de l'enfance, la joie de ses parents, s'empressa de dire :

— Et moi aussi, quand je serai grande, je serai physicienne.

— Physicienne ou cuisinière, dit maître Félix, car il faut apporter la même attention dans la réussite d'une sauce que dans celle d'une expérience de physique.

Un grand éclat de rire répondit à la réflexion humoristique de l'enfant et le mot de la fin fut de Mme Montbert qui crut de son devoir de dire :

— Remerciez votre tante, mes enfants, car depuis qu'elle est ici, elle a su vous apprendre que la science peut à la fois nous amuser, nous instruire et nous être utile.

FIN

TABLE DES MATIÈRES

www.ingramcontent.com/pod-product-compliance
Lightning Source LLC
Chambersburg PA
CBHW060604210326
41519CB00014B/3569